U0041575

ゼロからはじめる 建築の「設備」演習

原口秀昭——著

陳曄亭——譯

圖解建築設備
練習入門

一次精通空調、供水排水、供電配線、
消防安全、節能的基本知識、原理和計算

前言

除了一般的物理學之外，建築設備還涉及空氣和水等的流體力學、熱力學、電機工程學及化學等等，真的是相當複雜多元的領域。其內容之深、幅度之廣，可說是集結了人類經驗與智慧的學問。

大學時代，筆者完全不了解設備的有趣之處，建築設備的課程幾乎都在偷懶；後來在建築師考試和實務經驗中，才慢慢學習到設備的知識。實際體會到建築設備的有趣和重要性，是從涉足不動產的時期開始。許多建物的紛爭和抱怨來源就是設備問題。當災害發生時，結構是問題所在，而日常生活中的紛爭，幾乎都是與設備有關的部分。

少了設備，建築就不可稱之為建築。然而，對於以設計為導向的學生來說，設備不在他們的思考範圍內，或者該說是在迷霧之中比較恰當。撰寫本書時，為了向那些「喜歡建築但討厭設備」的學生、建築師考生或建築初學者，簡單明瞭地傳達建築設備有趣之處，可是下足了不少工夫。

本系列前作《建築的設備教室》，主要是針對機器類、配管、配線等較具體，以及身旁隨處可見的物品進行說明。本書則會將重點放在系統和方式的說明，從整體的系統一直解說到個別的設備，將可有效地應用於建築師考試。

一併閱讀《建築的設備教室》與本書，便可完全掌握建築設備的基礎知識。本書擷取了日本一級建築師、二級建築師考試出過的考題，考古題無法網羅的部分則製作了基本問題。學習建築的人遲早會參加建築師考試，相信本書對於幫助讀者保持積極的態度也有一定的效果。

為了未來與實務連結，本書解說基礎事項之後的內容，以圖解化的方式說明。學生常說難以理解、較困難的內容也蒐羅於書中，包括吸收式冷凍機的組成、莫里爾圖、送風機的特性曲線、交流的波形等等。為了讓大家清楚了解，這種較為理論的部分都下了一番工夫試著以圖解說明。

每頁分量約三分鐘即可閱讀完畢，剛好是拳擊比賽 IR（回合）的時間。書中各處都有重點提示，最後統整默記事項，整體構成非常便於準備考試。

能夠寫出這麼多本建築領域的圖解書籍，都要感謝大學時代的恩師，已故的鈴木博之先生，對我多所勉勵和鼓勵。從大學時代開始，能夠持續在報章雜誌上努力寫作，都是得益於鈴木先生。另外，協助企畫的中神和彥先生、進行繁瑣編輯作業的彰國社編輯部尾關惠小姐，給予許多指導的建築師和專家學者、專門書籍和網站的作者、部落格（http://plaza.rakuten.co.jp/mikao/）的讀者、一起思考記憶術的學生，以及長期支持本系列的讀者，藉此機會致上衷心的感謝。真的非常謝謝大家。

2016 年 11 月

原口秀昭

目次   CONTENTS

圖解建築設備
練習入門

Q 定風量單風管式空調設備
　1. 藉由改變各房間的送風量，達到控制各房間室溫的目的。
　2. 藉由改變空調機的送風溫度，控制全部房間的室溫。

A 利用定風量（CAV：constant air volume）的單一風管輸送冷暖氣機的空氣至全部的房間，就叫做定風量單風管式。各個房間設有 ON、OFF，但不能改變各房間的送風量（**1**是×，**2**是○）。**1**是指變風量單風管式。

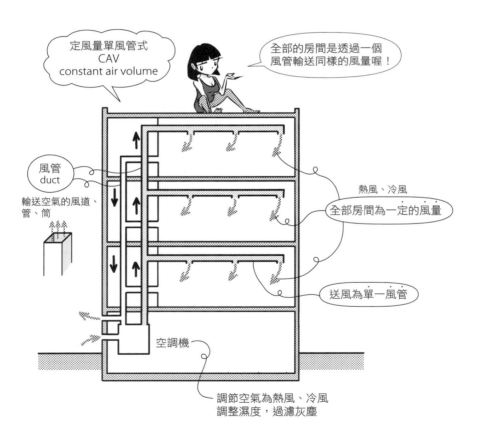

定風量單風管式
CAV
constant air volume

全部的房間是透過一個風管輸送同樣的風量喔！

風管
duct

輸送空氣的風道、管、筒

熱風、冷風
全部房間為一定的風量

送風為單一風管

空調機

調節空氣為熱風、冷風
調整濕度，過濾灰塵

Q 定風量單風管式空調設備

　1. 對於熱負荷特性不同的房間，可以很容易地處理各自的熱負荷變動。

　2. 可以很容易地確保足夠且規律的換氣量。

....

A 定風量單風管式是透過一個風管，輸送一定風量的冷風或熱風到各房間。對於熱負荷特性不同的房間，無法處理其熱負荷變動（**1**是×）。另一方面，空氣很規律地流動，可以確保換氣量是很安定的狀態（**2**是○）。

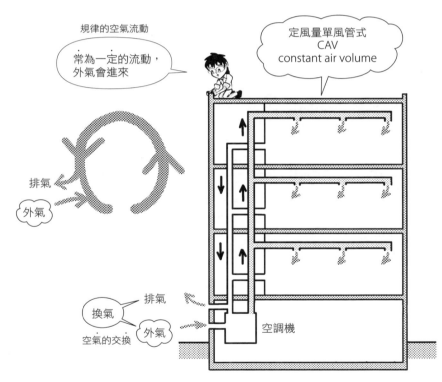

Q 定風量單風管式空調設備在過渡期或冬季時，可以導入溫度比室溫低的外氣，作為冷氣使用。

....

A 定風量單風管式是取用外氣以風管輸送空氣的方式，可以很簡單地達到<u>外氣冷房</u>。不需要運轉冷凍機，非常節能（答案是○）。

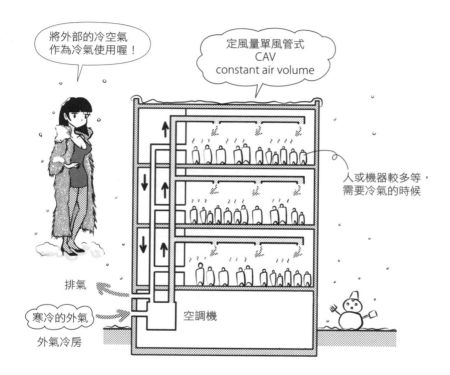

....

答案 ▶ ○

Q 空調運轉開始後的預熱時間，由於停止取用外氣，可以有效節能。

A 作為暖氣使用時，只要在運轉時不讓寒冷的外氣進入，就可以快速溫暖起來（答案是○）。但持續運轉一定時間後，室內空氣會變得污濁。因此，一定時間之後，要讓外氣進入，恢復正常運轉。

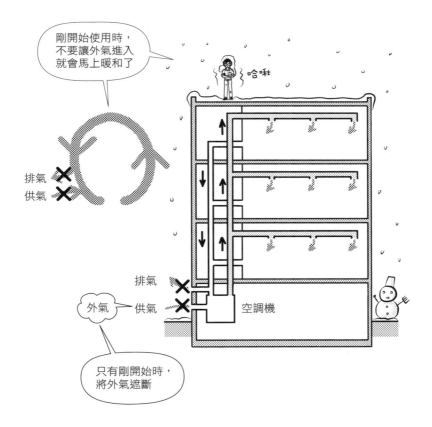

Q 若在取用外氣的通路上設置全熱交換機，在過渡期等外氣冷房效果良好的情況下，設置迴路而不進行熱交換，可以有效節能。

....

A 舉例來說，冬天使用暖氣時，在供排氣部分裝上<u>全熱交換機</u>（total heat exchanger），如下圖所示，從排氣的空氣中，可以只回收熱（<u>顯熱</u>〔sensible heat〕）和水蒸氣（<u>潛熱</u>〔latent heat〕）。過渡期的外氣冷房，是把溫暖的室內空氣，利用寒冷外氣變成冷氣房。此時透過全熱交換機，可以將室內的熱回收，不要排到外面，重新送回室內，同時不影響冷氣的效果。在外氣冷房的情況下，供排氣不會通過全熱交換機，而是透過迴路來進行（答案是○）。

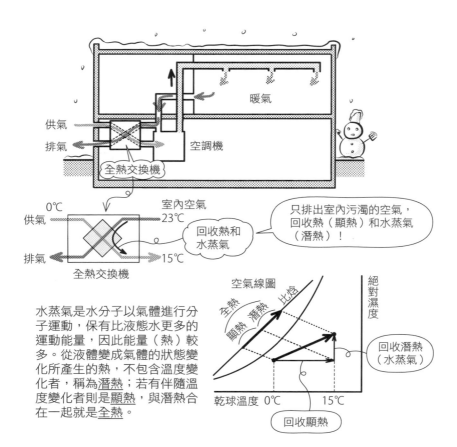

水蒸氣是水分子以氣體進行分子運動，保有比液態水更多的運動能量，因此能量（熱）較多。從液體變成氣體的狀態變化所產生的熱，不包含溫度變化者，稱為<u>潛熱</u>；若有伴隨溫度變化者則是<u>顯熱</u>，與潛熱合在一起就是<u>全熱</u>。

....

答案 ▶ ○

Q 定風量單風管式空調設備中，空氣調節箱是指裝置在系統中央的大型空調機。

A <u>空氣調節箱</u>（air handling unit，簡稱空調箱）的英文直譯是處理空氣的裝置，亦稱<u>AHU</u>。熱水、冷水流過內部彎曲的盤管（coil），空氣通過時會改變空氣的溫度。此外，使用濾網過濾灰塵髒污，以加濕器增加水蒸氣。常裝置在系統中央，再透過風管將空氣輸送到各房間（答案是○）。

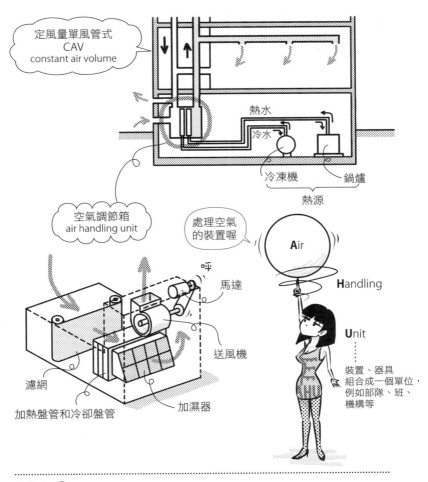

定風量單風管式
CAV
constant air volume

熱水

冷水

冷凍機　　鍋爐

熱源

空氣調節箱
air handling unit

處理空氣
的裝置喔

Air

呼

馬達

Handling

送風機

Unit

濾網

裝置、器具
組合成一個單位，
例如部隊、班、
機構等

加熱盤管和冷卻盤管　　加濕器

1

空調設備

答案 ▶ ○

Q 定風量單風管式空調設備經過冷卻除濕的空氣溫度若是要和除濕前一樣，必須進行再熱。

....

A 若要增加濕度，最簡單的方式是在空氣中吹送水蒸氣；若要降低濕度，則要讓氣溫下降使之結露。以空氣線圖來看，將右圖中的A點空氣進行冷卻，狀態向左移動，碰到飽和水蒸氣的線（100%的線）。此時水蒸氣無法再進入空氣中，氣體的水蒸氣就會凝結成液體的水。這是結露的變化，除濕的過程就是冷卻→結露→除濕。

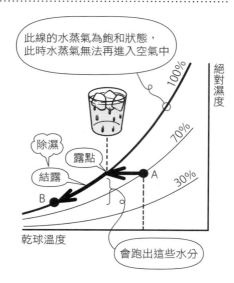

除濕之後，若想讓空氣維持在相同氣溫，如右圖所示，必須將冷卻的空氣進行加熱。B點→C點就是再熱的狀態變化（答案是○）。這可稱為<u>再熱除濕</u>或<u>過冷除濕</u>。

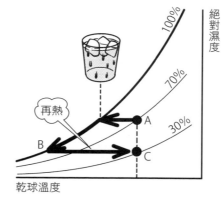

● 關於空氣線圖，請參見拙作《圖解建築物理環境入門》。

....

答案 ▶ ○

Q 定風量單風管式空調設備冷卻除濕後的空氣若是不進行再熱，在部分負荷的情況下，室內相對濕度會比設定條件稍微上升。

....

A 將下圖A點空氣進行冷卻除濕，會成為B點的狀態。B點的相對濕度高達100%，溫度卻很低。這樣的運轉若是持續一段時間（進行部分負荷），濕度高、溫度低的空氣會與室內的空氣混合在一起，使室內的空氣濕度變高，溫度變低（答案是○）。若要降低相對濕度，B點要往右移，必須進行加熱。住宅房間所使用的小型空調，若要不改變溫度進行除濕，必須經過冷卻除濕→再熱的過程，因而會比除濕冷卻耗費更多電量。

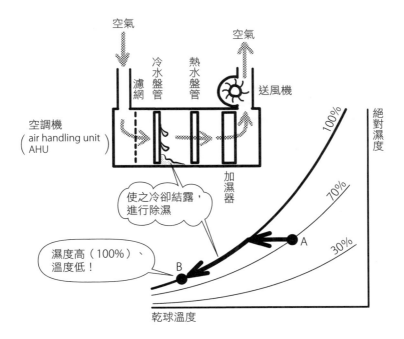

Q 相較於再熱除濕，除濕空調可以更有效率地進行除濕。

A 除濕空調是指使用除濕劑（desiccant，乾燥劑）的空調。相較於過冷和結露的除濕方式，由於除濕劑會吸收水分，效率更佳（答案是○）。若要讓除濕劑再生，可以使用排熱產生的高溫除去水分。除濕、再生是透過除濕輪（rotor，旋轉輪）的旋轉，反覆執行的一種機制。

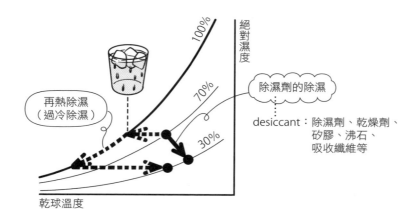

答案 ▶ ○

Q 變風量單風管式空調設備會依室內負荷的變動，調整各房間的送風量，藉此維持所設定的室溫。

A 在空氣的出風口或風管中間設置可以改變風量的變風量裝置（VAV裝置），藉由風量調整溫度的方式，就是變風量單風管式（VAV：variable air volume）（答案是○）。

vary（改變）＋able（可能的）

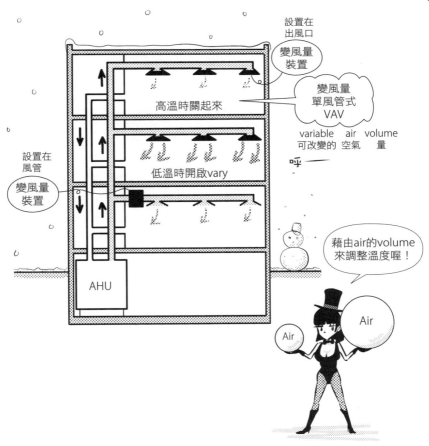

答案 ▶ ○

Q 相較於定風量單風管式，變風量單風管式空調設備可以將室內的氣流分布、空氣清淨度等維持在一定的狀態。

....

A 變風量單風管式是因應各個空間的狀況改變風量，進而調整溫度的空調方式。當風量改變時，很難將室內的氣流分布維持在一定的狀態。此外，風量減少時，新鮮的外氣隨之減少，空氣清淨度也難以維持在一定的狀態（答案是×）。

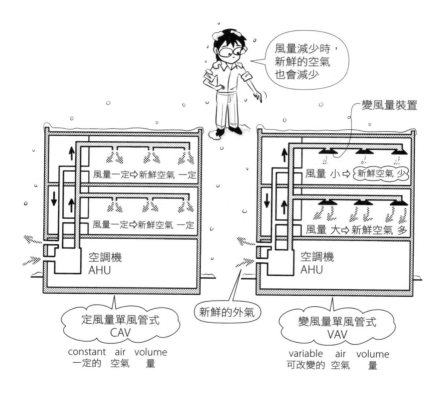

答案 ▶ ×

Q 相較於定風量單風管式，變風量單風管式空調設備可以減少輸送空氣的能量。

....

A 空氣通過濾網、盤管、加濕器送到房間再回來的運作方式，必須有讓空氣運動的輸送能量。依據房間狀況改變空氣量的變風量單風管式，可以抑制不必要的送風，因此輸送能量較少（答案是○）。

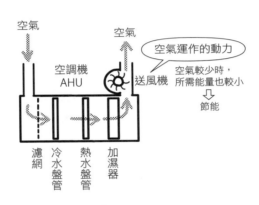

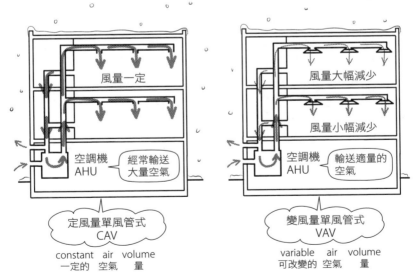

Q 相較於定風量單風管式，在熱負荷尖峰不會同時發生的情況下，變風量單風管式空調設備的空調機和風管尺寸可以較小。

....

A 尖峰不會同時發生，在事先知道尖峰會分散的情況下，如下圖左的定風量單風管式就會出現浪費的情況。這時就是設置了超過需求的空調機和風管。若使用變風量單風管式，非尖峰的房間風量可以減少，控制整體的空氣量，空調機和風管也可以較小（答案是○）。

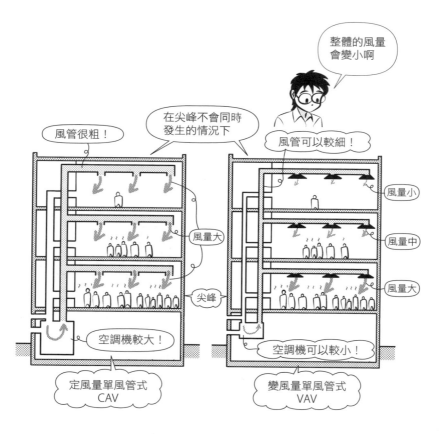

答案 ▶ ○

從空調機藉由一根風管輸送到各房間的單風管方式，定風量與變風量的優缺點整理如下表。節能、空調機和風管小規模化是變風量的優點；至於氣流分布和保持清淨度，則是定風量略勝一籌。

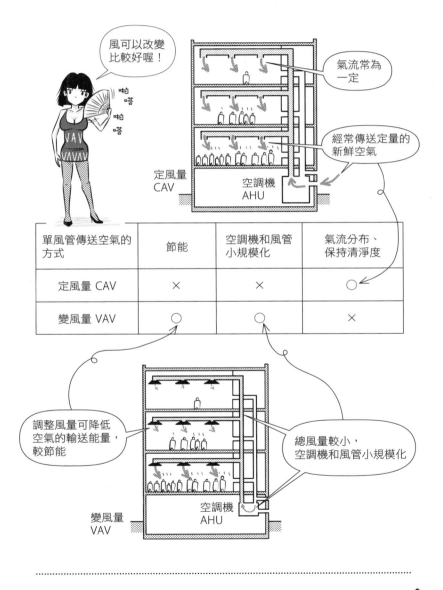

單風管傳送空氣的方式	節能	空調機和風管小規模化	氣流分布、保持清淨度
定風量 CAV	✕	✕	◯
變風量 VAV	◯	◯	✕

Q 雙風管式是利用一台空調機，在多個房間混合暖氣與冷氣的方式。

....

A 空調機可以同時製作熱風與冷風，分別利用兩根風管進行輸送，再以混合裝置（混合箱〔mixing box〕）混合出適當的溫度後送出，這就是雙風管式。可以對應不同的負荷情況，也可以同時進行冷氣與暖氣（答案是○）。

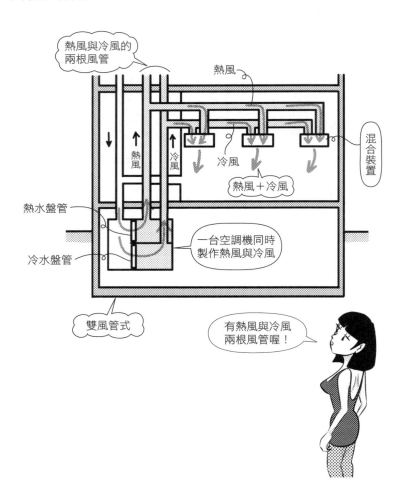

熱風與冷風的兩根風管

熱風

混合裝置

熱風　冷風

冷風

熱風＋冷風

熱水盤管

冷水盤管

一台空調機同時製作熱風與冷風

雙風管式

有熱風與冷風兩根風管喔！

....

Q 由於雙風管式是混合冷熱風，可以減少能量的消耗量。

A 雙風管式在送風側必須有熱風與冷風兩根風管，對於空間的使用效率較差。此外，送至各房間之前要將熱風與冷風兩者混合，因此會消耗較多能量（答案是×）。空間、能量和施工費的耗費都較多，除了無塵室等特殊地點，一般不常使用。

攪拌是很耗能量的

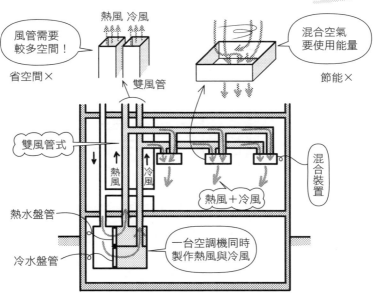

風管需要較多空間！

熱風　冷風

省空間×

混合空氣要使用能量

節能×

雙風管

雙風管式

熱風　冷風

混合裝置

熱水盤管

冷水盤管

熱風＋冷風

一台空調機同時製作熱風與冷風

1 空調設備

Q 各樓層空調箱式是在各個樓層都設置空調機（空氣調節箱）的空調方式。

....

A 如下圖所示，各樓層都裝有空氣調節箱的方式，就是<u>各樓層空調箱式</u>（答案是○）。冷凍機、鍋爐等熱源設置在一個地方，再輸送熱水、冷水至各個空調箱（<u>中央熱源式</u>）。空調箱中也設置熱源的組合，則稱為<u>箱型空調機式</u>。

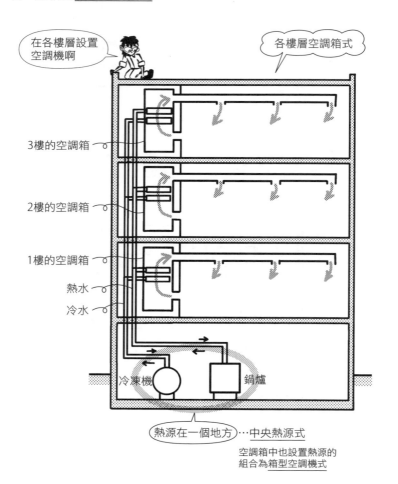

答案 ▶ ○

Q 各樓層空調箱式可以視各個樓層的情況停止運轉，或是調整溫度和風量。

....

A 各樓層空調箱式不是直接設置一個大型的空調箱，而是分散在各樓層設置小型的空調箱。高樓層辦公大樓等常見某樓層的工作結束，但其他樓層還在工作的情況。分散設置空調箱，可以很簡單地只停止某個樓層，或是調弱某樓層的空調（答案是○）。大規模的建物常以分樓層或區域的方式，個別設置空調箱來使用。

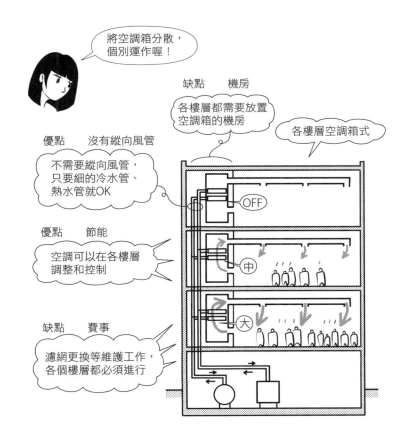

將空調箱分散，個別運作喔！

缺點　機房
各樓層都需要放置空調箱的機房

各樓層空調箱式

優點　沒有縱向風管
不需要縱向風管，只要細的冷水管、熱水管就OK

優點　節能
空調可以在各樓層調整和控制

缺點　費事
濾網更換等維護工作，各個樓層都必須進行

OFF

中

大

1

空調設備

....

答案 ▶ ○

Q 定風量單風管式、變風量單風管式、雙風管式和各樓層空調箱式，都是透過空氣輸送熱的全空氣式。

A 空調箱加熱（冷卻）空氣，再將空氣輸送到各房間，這種只使用空氣輸送熱的方式就是<u>全空氣式</u>（答案是○），亦稱<u>空氣式</u>。

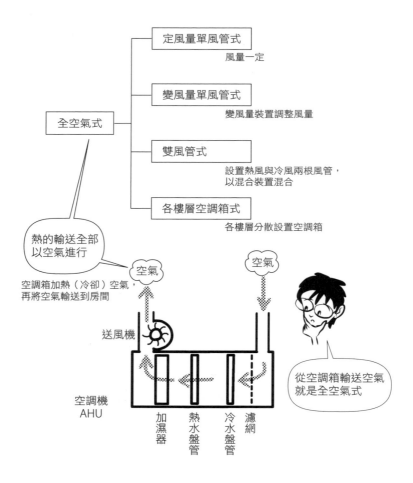

定風量單風管式
風量一定

變風量單風管式
變風量裝置調整風量

全空氣式

雙風管式
設置熱風與冷風兩根風管，以混合裝置混合

各樓層空調箱式
各樓層分散設置空調箱

熱的輸送全部以空氣進行

空氣　　　空氣

空調箱加熱（冷卻）空氣，再將空氣輸送到房間

送風機

從空調箱輸送空氣就是全空氣式

空調機
AHU

加濕器　熱水盤管　冷水盤管　濾網

答案 ▶ ○

Q 風機盤管空調系統是由熱水、冷水流過的盤管，以及送出空氣的風機所組成的裝置。

....

A 如下圖所示，從其他熱源來的熱水、冷水流入盤管（coil：一圈一圈盤繞而成的物品），內部有送風機（fan：扇子、電風扇）讓空氣通過的機械（unit：裝置），稱為<u>風機盤管空調系統</u>（fan coil unit, FCU）（答案是○）。冷卻時也可以除濕。

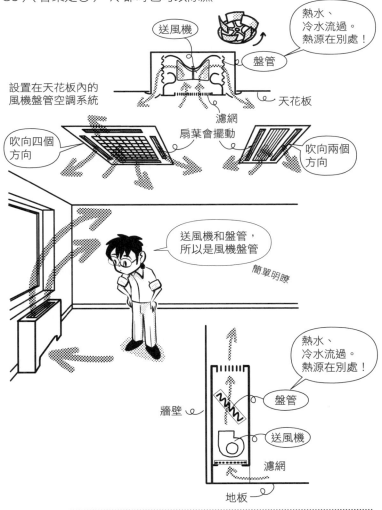

熱水、冷水流過。熱源在別處！

送風機

盤管

設置在天花板內的風機盤管空調系統

天花板

濾網

扇葉會擺動

吹向四個方向

吹向兩個方向

送風機和盤管，所以是風機盤管

簡單明瞭

熱水、冷水流過。熱源在別處！

盤管

牆壁

送風機

濾網

地板

答案 ▶ ○

Q 風機盤管空調系統是由中央機房提供冷水或熱水，透過設置在各房間的裝置傳送冷暖氣。

....

A 空調的組成如下圖所示，鍋爐、冷凍機等熱源，藉由水或冷媒進行熱的輸送，熱透過空氣進行傳導，形成冷暖氣。

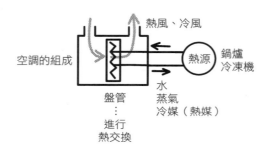

定風量單風管式如下圖左所示，從熱源經過空調箱傳送熱，以風管將溫暖的空氣輸送到各房間。此外，風機盤管空調系統則如下圖右所示，從熱源將熱水傳送到各房間，直接讓房間的空氣溫暖起來。如果需要冷氣，從冷凍機傳送冷水（答案是○）。

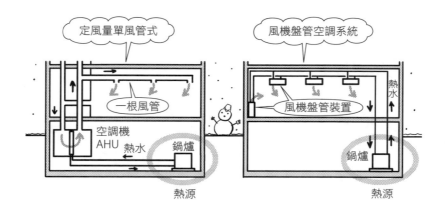

....

答案 ▶ ○

Q 風機盤管空調系統可以由裝置直接調節風量。

A 風機盤管空調系統可以讓各房間透過熱風、冷風的風量調整，各自調整室溫。各房間可以自行控制，適合用於病房或飯店客房（答案是○）。

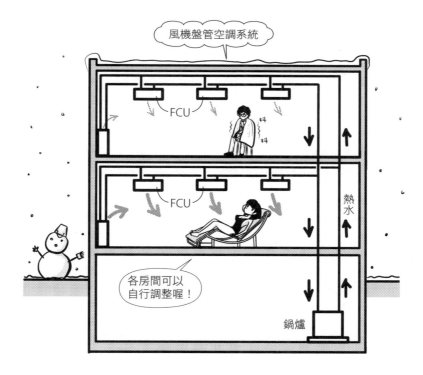

Q 使用風機盤管空調系統時，就算沒有換氣設備，也能夠取得新鮮的空氣。

....

A 定風量單風管式的空氣需要循環，有設置換氣設備。另一方面，風機盤管空調系統則是將熱水、冷水送到各房間，必須另外考量換氣的運作（答案是×）。

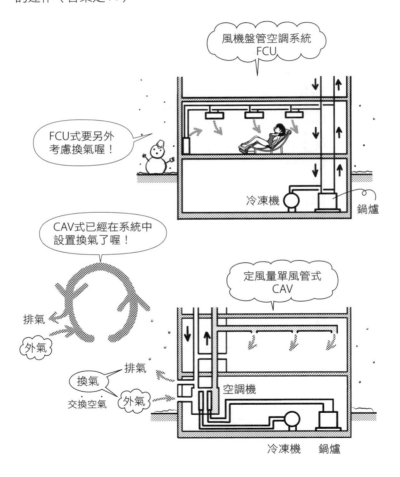

- 壁掛式風機盤管空調系統也有可以同時進行換氣的嵌入型空調。

....

答案 ▶ ×

Q 在窗戶下設置落地式風機盤管空調系統，藉由向上吹出的風，可以有效防止冷氣流。

A 空氣在冰冷的玻璃面產生收縮，會變得比其他空氣沉重，因而向下流動。這種現象稱為<u>冷氣流</u>（cold draft，冷風）。

如果要避免冷氣流，只要在窗戶下設置風機盤管空調系統，向上吹的熱風就可以有效防止這種現象（答案是○）。

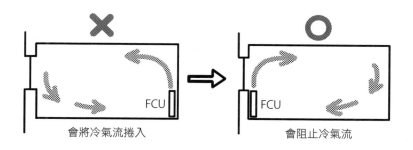

會將冷氣流捲入　　　　　　　會阻止冷氣流

答案 ▶ ○

Q 在窗戶下方設置暖氣用對流器，可以有效防止冷氣流。

A <u>對流器（convector）的英文直譯是「使之對流」的意思</u>。只要製作溫暖的空氣，變輕的空氣自然會向上流動。風機盤管空調系統是使用送風機強制讓空氣產生流動，對流器則是透過自然的對流。只要在窗戶下方設置暖氣用對流器，溫暖的空氣就會由下往上流動，達到防止冷氣流的效果（答案是○）。

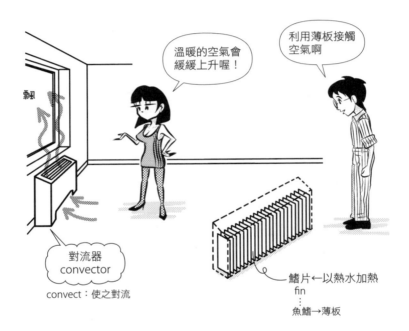

溫暖的空氣會緩緩上升喔！

利用薄板接觸空氣啊

對流器 convector

convect：使之對流

鰭片←以熱水加熱 fin
：
魚鰭→薄板

答案 ▶ ○

Q 風機盤管空調系統有熱水、冷水的送風管、回風管，因此有兩管式、三管式、四管式等方式。

....

A 如下圖所示，依據送風管、回風管的數量而有<u>兩管式、三管式、四管式</u>（答案是○）。

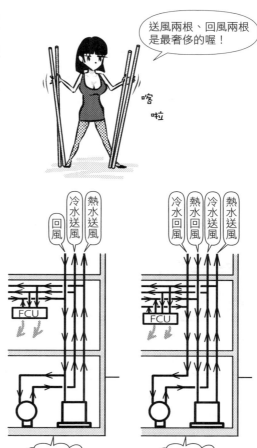

送風兩根、回風兩根是最奢侈的喔！

熱水、冷水送風　回風

兩管式
・熱水、冷水的送風管
・回風管

送風管：supply pipe、supply air duct
回風管：return pipe、return air duct
回風管亦稱返風管

冷水送風　熱水送風　回風

三管式
・熱水、冷水各有送風管
・回風管

可同時使用冷暖氣

冷水回風　熱水回風　冷水送風　熱水送風

四管式
・熱水、冷水各有送風管
・熱水、冷水各有回風管

可同時使用冷暖氣，較節能
（熱水回風可以達到某種程度的溫暖，冷水回風也可以達到某種程度的涼爽）

FCU　鍋爐　冷凍機

1
空調設備

....

答案 ▶ ○

Q 風機盤管空調系統傳送熱時，是全部以水進行的全水式。

A 將熱傳送到房間時，只用水輸送的方式為<u>全水式</u>，只用空氣輸送的方式為<u>全空氣式</u>。風機盤管空調系統就是只用水輸送的全水式（答案是○）。全水式、全空氣式亦稱<u>水方式</u>、<u>空氣方式</u>。

房間的熱是以水輸送，或是以空氣輸送喔！

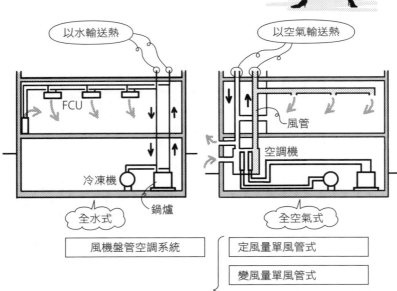

以水輸送熱

FCU

冷凍機

鍋爐

全水式

風機盤管空調系統

以空氣輸送熱

風管

空調機

全空氣式

定風量單風管式

變風量單風管式

雙風管式

各樓層空調箱式

Q 風機盤管空調系統可以個別進行控制，大多用於病房或飯店客房。

A 風機盤管空調系統有多少冷水、熱水流過，就有多少冷風、熱風吹出，只要利用室內的開關就可以進行調整。病房或飯店客房很適合使用可以個別控制的風機盤管空調系統（答案是○）。

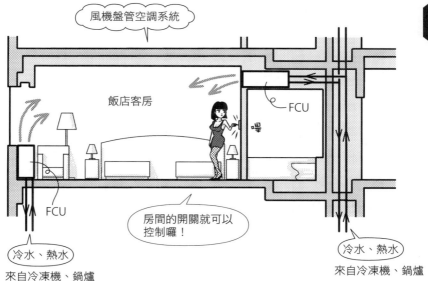

答案 ▶ ○

Q 相較於只用定風量單風管式，風機盤管空調系統與定風量單風管式並用的方式，所需的風管空間較大。

A 如下圖所示，<u>風管並用風機盤管空調系統</u>是定風量（變風量）單風管式與風機盤管空調系統兩者並用的方式。有了風機盤管空調系統的幫助，風管吹出的冷熱風可以減少，風管就變小（答案是 ×）。

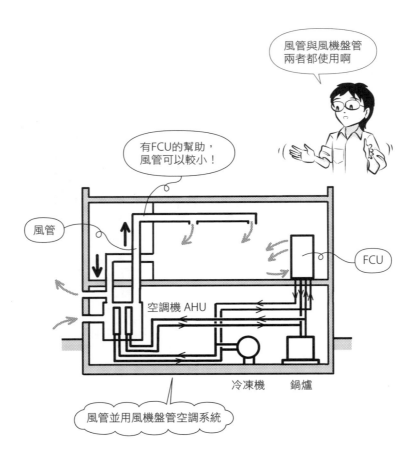

風管與風機盤管兩者都使用啊

有FCU的幫助，風管可以較小！

風管

空調機 AHU

FCU

冷凍機　　鍋爐

風管並用風機盤管空調系統

Q 風機盤管空調系統與定風量單風管式並用的方式，是空氣・水式。

A 風管並用風機盤管空調系統是利用空氣與水兩者的<u>空氣・水式</u>，
將熱輸送到房間（答案是○）。不同於全空氣式、全水式都有「全」
字，這是使用兩者的方式。

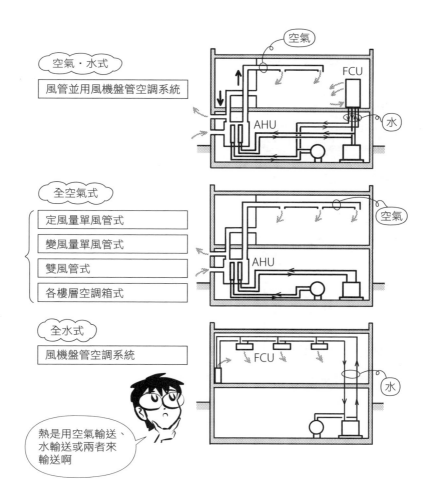

Q 定風量單風管式、風機盤管空調系統和風管並用風機盤管空調系統都是中央熱源式。

....

A 將冷凍機、鍋爐等熱源集中設置在一個地方，由此輸送熱的方式，稱為<u>中央熱源式</u>。至此所述的全空氣式、全水式和空氣‧水式，全部是中央熱源式（答案是○）。

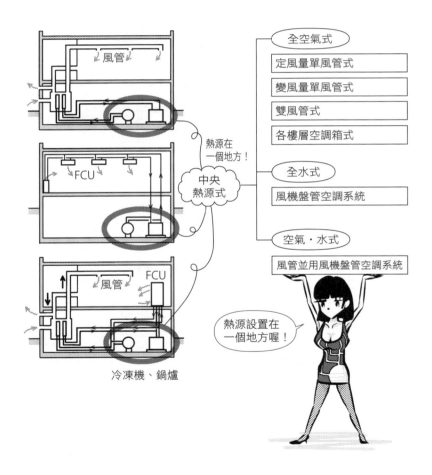

冷凍機、鍋爐

....

答案 ▶ ○

Q 箱型空調機是與冷凍機組合，放置在室內的中型空調機。

....

A 大型的空調箱是放在機房，藉由風管傳送冷熱風到各房間。另一方面，<u>箱型空調機</u>（package unit，箱型空氣調和機）直接放在各房間，裝置內有冷凍機，冷水或冷媒流過盤管，產生空調（答案是○）。換言之，這是與冷凍機組合在一起的裝置（機器）。若為暖氣，有時會使用加熱器或設置室外機熱泵。

1

空調設備

送風機

加熱盤管

冷卻盤管

濾網

箱型空調機

與冷凍機組合的空調機啊

冷凍機

....

答案 ▶ ○

Q 空氣熱源箱型空調機是從室外機提供冷水給室內機，進而產生冷氣。

....

A 使用熱泵輸送空氣中的熱形成冷暖氣，將冷凍機生成的熱輸送到外面，就是<u>空氣熱源箱型空調機</u>。輸送熱的是替代氟氯烷（freon）或二氧化碳等的<u>冷媒</u>（答案是×）。若使用冷卻塔（cooling tower）散熱，就是使用冷水的水冷式箱型空調機。另一方面，空氣熱源箱型空調機使用空氣冷卻，亦稱<u>氣冷式箱型空調機</u>。

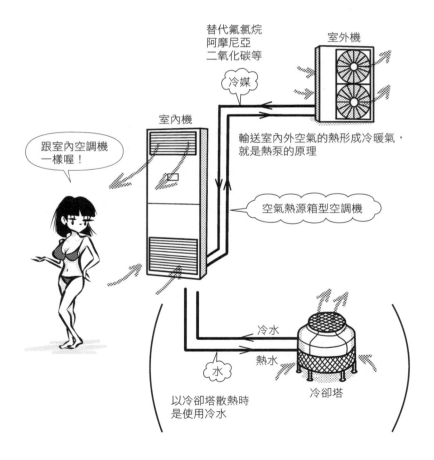

....

答案 ▶ ×

Q 空氣熱源箱型空調機的一對多型，是指一台室外機與多台室內機組合而成的形式。

A 一台室外機對應數台室內機的方式就是一對多型（答案是○）。

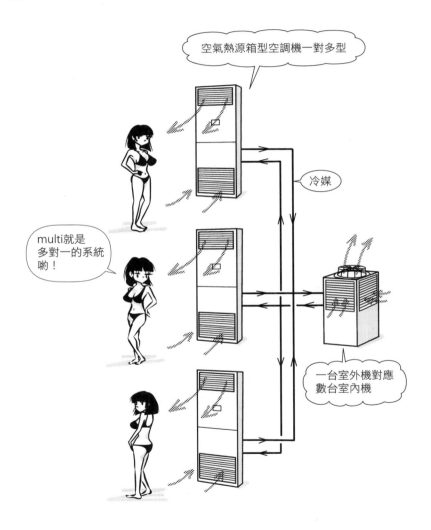

空氣熱源箱型空調機一對多型

冷媒

multi就是多對一的系統喲！

一台室外機對應數台室內機

1

空調設備

答案 ▶ ○

Q 相較於空氣熱源一對多箱型空調機，變風量單風管式運送空氣的能量較大。

A

如右圖所示，空氣熱源一對多箱型空調機輸送熱的是冷媒。風管只是為了換氣，所以風管較細，輸送空氣的能量較小。

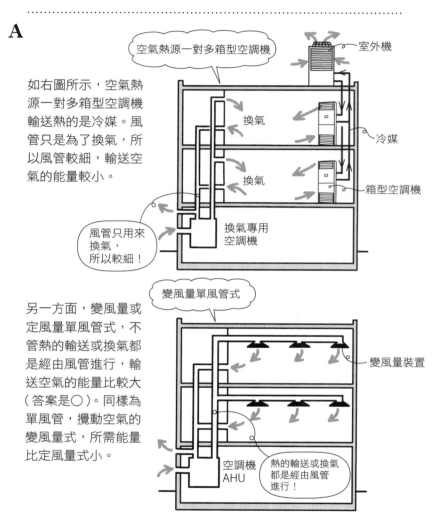

空氣熱源一對多箱型空調機

室外機

換氣

冷媒

換氣

箱型空調機

風管只用來換氣，所以較細！

換氣專用空調機

另一方面，變風量或定風量單風管式，不管熱的輸送或換氣都是經由風管進行，輸送空氣的能量比較大（答案是○）。同樣為單風管，攪動空氣的變風量式，所需能量比定風量式小。

變風量單風管式

變風量裝置

空調機AHU

熱的輸送或換氣都是經由風管進行！

答案 ▶ ○

Q 住宅使用的小型空氣熱源箱型空調機，稱為室內空調機。

A 住宅常用的<u>室內空調機</u>，是將空氣熱源箱型空調機小型化的裝置（答案是○）。

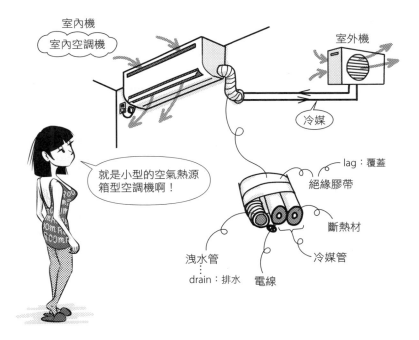

室內機
（室內空調機）

室外機

冷媒

就是小型的空氣熱源箱型空調機啊！

lag：覆蓋

絕緣膠帶

斷熱材

冷媒管

洩水管

drain：排水　電線

答案 ▶ ○

Q 室內空調機分為一體型和分離型。

....

A 室內空調機有附掛在窗戶或牆壁的<u>一體型室內空調機</u>，以及室內機與室外機成對的<u>分離型室內空調機</u>（答案是○）。不管哪一種，都是在室內外進行熱的交換。

附掛在窗戶

一體型室內空調機

室內機

冷媒

室外機

一般是分離型喔！

分離型室內空調機

分離型很好喔
是指泳裝

....

答案 ▶ ○

Q 空氣熱源箱型空調機、室內空調機等，大多是使用變流器來控制送
風機或壓縮機。

....

A 變流器（inverter）具有電晶體組合而成的迴路，是可以改變交流
電壓與頻率，將直流變成交流的裝置。透過交流馬達旋轉風扇送風
時，若是沒有變流器，只能如下圖將馬達一下 ON、一下 OFF，讓
風管透過旋轉葉片（調節閥）進行風量調節。變流器改變交流的頻
率，馬達的旋轉數會平緩地改變，還能達到節能的效果。箱型空調
機、室內空調機的交流馬達一般都有裝設變流器，用以控制旋轉數
（答案是○）。

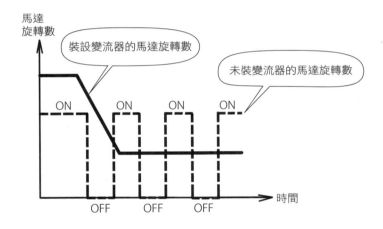

● 若要將太陽能板發電的直流電改變成交流，也要使用變流器。

....

答案 ▶ ○

Q 空調的 PID 控制，是結合了比例、積分、微分等三個優點所形成的
控制方式。

....

A <u>PID 控制</u>（proportional-integral-derivative control，比例性微積分控
制）是為了補足 ON、OFF 控制的不連續，造成溫度難以調整的缺
點，而使用比例、積分、微分的控制方法（答案是○）。不只用在
空調，為了收斂至某目標值，也會反覆執行這種輸出→結果→輸出
調整（進行反饋）的控制方法。

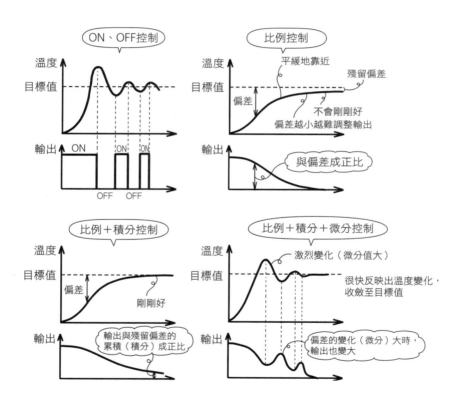

....

答案 ▶ ○

Q 空氣熱源箱型空調機、空氣熱源一對多箱型空調機和室內空調機，是分類為冷媒式。

....

A 室內機與室外機的熱交換以冷媒進行，因此是冷媒式（答案是○）。

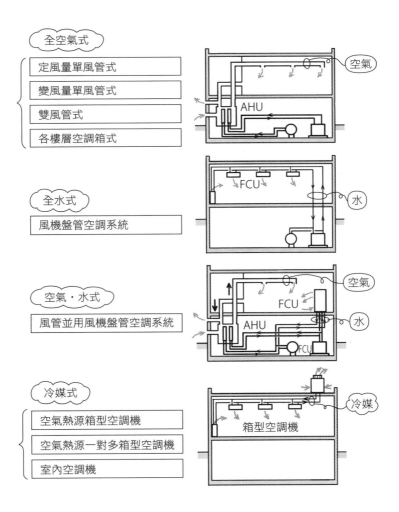

全空氣式
- 定風量單風管式
- 變風量單風管式
- 雙風管式
- 各樓層空調箱式

AHU　空氣

全水式
- 風機盤管空調系統

FCU　水

空氣・水式
- 風管並用風機盤管空調系統

FCU　空氣
AHU　水
FCU

冷媒式
- 空氣熱源箱型空調機
- 空氣熱源一對多箱型空調機
- 室內空調機

箱型空調機　冷媒

....

答案 ▶ ○

Q 空氣熱源箱型空調機、空氣熱源一對多箱型空調機和室內空調機，
是分類為分散熱源式。

....

A 空氣熱源箱型空調機、室內空調機是將冷凍機等的熱源分別組合在
機器中，屬於將熱源分散的<u>分散熱源式</u>（答案是○）。

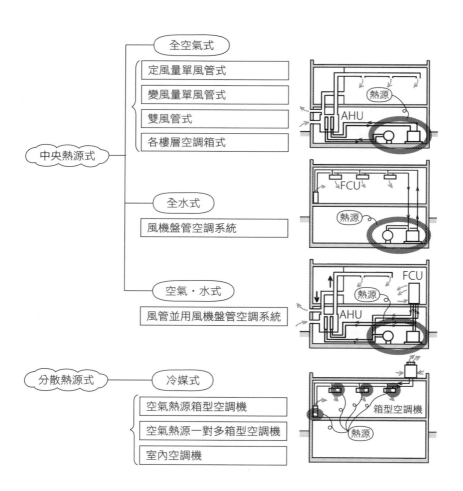

....

答案 ▶ ○

Q 蓄熱式空調系統是利用夜間電力較便宜時，在蓄熱槽中蓄積水、冰等的能量，白天再加以使用的空調方式。

....

A 蓄熱槽在夜間蓄熱、白天再將熱能作為<u>輔助</u>使用，就是<u>蓄熱式空調系統</u>（答案是○）。由於抑制了尖峰時的負荷，作為熱源的機器容量可以較小；使用較便宜的夜間電力，可以節省成本；熱的變動得到控制，比較節能。蓄熱槽必須有防水和隔熱的功能。

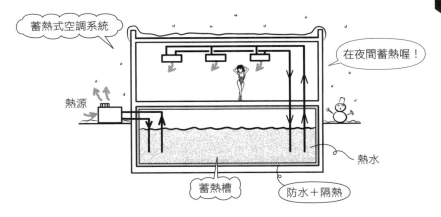

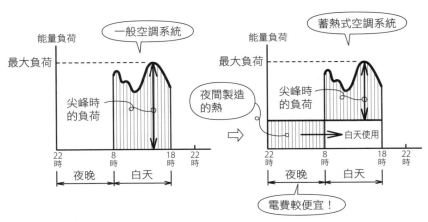

Q 蓄熱式空調系統是開放迴路型的空調系統。

A 冷媒、水等輸送熱的巡迴迴路若是封閉，稱為<u>密閉迴路型</u>；中間若開放進入蓄熱槽，就是<u>開放迴路型</u>（答案是○）。

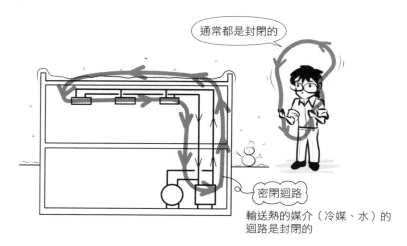

通常都是封閉的

密閉迴路
輸送熱的媒介（冷媒、水）的
迴路是封閉的

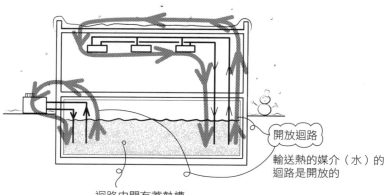

開放迴路
輸送熱的媒介（水）的
迴路是開放的

迴路中間有蓄熱槽

答案 ▶ ○

Q 相較於密閉迴路型，在最下層設置蓄熱槽的開放迴路型空調系統，更能降低熱泵動力。

A 若為開放迴路型，水回到蓄熱槽會先暫時恢復至大氣壓力，往上層輸送時再施加壓力，因此熱泵動力會比密閉型增加（答案是✕）。

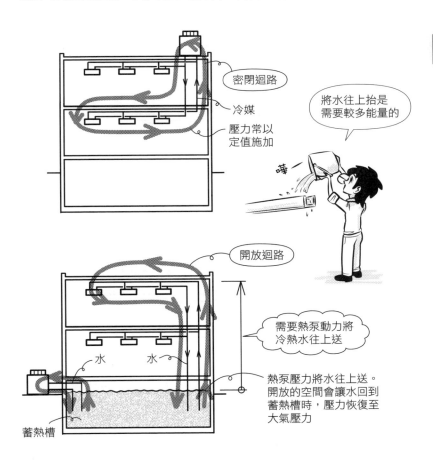

密閉迴路

冷媒

壓力常以定值施加

將水往上抬是需要較多能量的

嘩！

開放迴路

水　　　水

需要熱泵動力將冷熱水往上送

熱泵壓力將水往上送。開放的空間會讓水回到蓄熱槽時，壓力恢復至大氣壓力

蓄熱槽

1

空調設備

Q 相較於水蓄熱式，冰蓄熱式空調系統的蓄熱槽可以小型化。

A 冰蓄熱式空調系統是將冰和水放入
蓄熱槽中，藉此蓄積熱的空調系
統。此時所說的蓄積熱是用來維持
寒冷，意思是在冷氣狀況下，蓄積
將熱能奪走的能力。相較於蓄積冷
水，冰的蓄積量較大，因此蓄熱槽
可以較小（答案是○）。

蓄熱量越大，
容器可以越小喲！

冰蓄熱式空調系統

冷氣

冷氣

防凍劑

冰蓄熱槽

可以比水的蓄熱槽小！

約5分之1！

0℃的水＋雪酪狀的冰

相較於水，
可以奪走更多熱！

答案 ▶ ○

Q 蓄熱式空調系統中，蓄熱媒介除了水和冰之外，也可以使用土壤或軀體。

....

A 如下圖所示，也有利用土壤保持熱度的<u>土壤（地下）蓄熱式</u>，以及在各層的混凝土地板設置熱水管等，使軀體保持熱度的<u>軀體蓄熱式</u>（答案是○）。

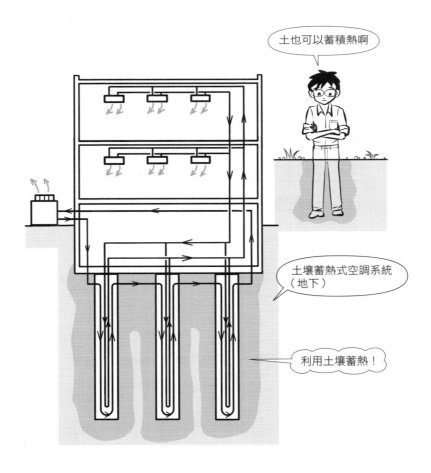

土也可以蓄積熱啊

土壤蓄熱式空調系統（地下）

利用土壤蓄熱！

....

答案 ▶ ○

Q 水蓄熱式空調系統進行變流量控制時，可以確保蓄熱槽的溫度差，達到節能的效果。

....

A 變流量（VWV）控制（VWV：variable water volume）是利用冷熱水流量的控制，達到調節室溫的功效。省去多餘的流動，可以節省泵浦動力，也能有效利用蓄熱槽的熱，達到節能效果（答案是○）。

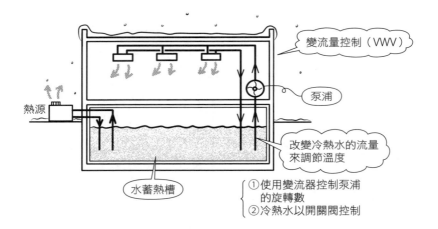

變流量控制（VWV）

泵浦

改變冷熱水的流量來調節溫度

①使用變流器控制泵浦的旋轉數
②冷熱水以開關閥控制

熱源

水蓄熱槽

Point

變風量裝置　　　VAV　　　控制空氣（air）的流動
　　　　　　（variable air volume）
　　　　　　　　　可變的

變流量控制　　　VWV　　　控制冷熱水（water）的流動
　　　　　　（variable water volume）

....

答案 ▶ ○

Q 一般來說，不管是使用水或空氣，相較於定流量控制（CAV、CWV），變流量控制（VAV、VWV）的節能效果更好。

A 定風量（CAV）和變風量（VAV），定流量（CWV）和變流量（VWV），相較之下都是後者可以因應室溫變化而改變流動，節能效果更好（答案是○）。

	一定 constant	變化 variable
空氣的風量	ĊAV (constant air volume)	V̇AV (variable air volume)
水的流量	ĊWV (constant water volume)	V̇WV (variable water volume)

- CWV是constant water volume的縮寫，指使用水的定流量方式。

答案 ▶ ○

Q 變流量式空氣調和設備，用以調整配管流量的開關是二方閥。

A <u>變流量（VWV）方式</u>的情況下，除了調整泵浦的馬達輸出之外，也有以開關調節冷媒流動的方法。此時如下圖所示，開關會使用以電力運作的<u>二方閥</u>（<u>二方控制閥</u>）（答案是○）。從開關的中心點有兩方向，故稱二方閥，三方向就稱為三方閥。

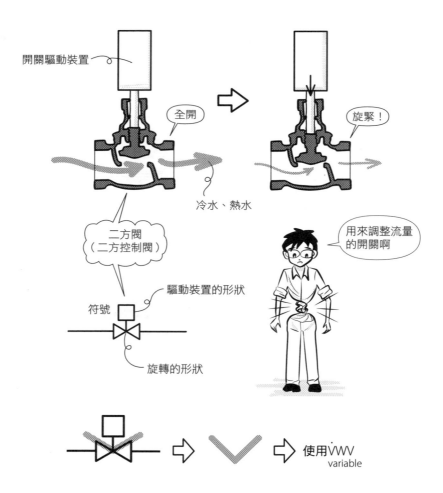

• 調整空氣的開關稱為<u>風門</u>（damper），常用 D 作為記號。

Q 定流量式空氣調和設備，用以調整配管流量的開關是三方閥。

....

A 定流量（CWV）方式的情況下，冷熱水是以定量方式整體流動。
若想調整某個房間的溫度，在無法改變流量的情況下，使之不通過
風機盤管空調系統而迂迴通過，透過迴路來調整溫度。此時的開關
會使用從中心往三方向發展的三方閥（三方控制閥）（答案是○）。
三方閥除了用在通過迴路之外，也用於混合不同流動，使之合流的
情況。

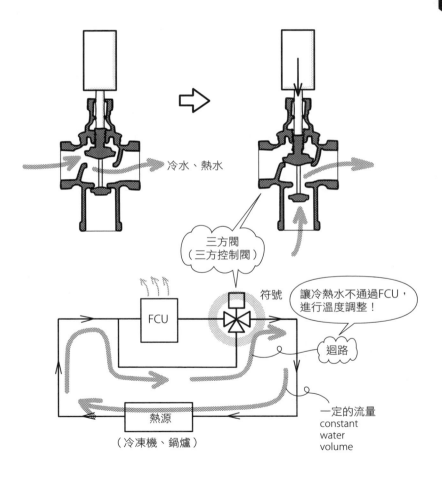

冷水、熱水

三方閥
（三方控制閥）

FCU

符號

讓冷熱水不通過FCU，
進行溫度調整！

迴路

熱源
（冷凍機、鍋爐）

一定的流量
constant
water
volume

1

空調設備

....

答案 ▶ ○

Q 空氣調和設備的冷熱水盤管周圍的控制，相較於二方閥，三方閥的泵浦動力可以較為減少。

....

A 定流量方式的冷熱水流量為一定，三方閥不會通過風機盤管空調系統，因此泵浦動力為一定。三方閥若只是變更流動管，流量不會改變。另一方面，變流量方式的泵浦動力較低，二方閥會控制冷熱水的流量，比較節能（答案是×）。

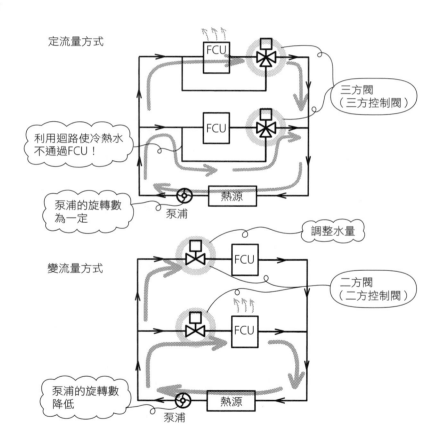

定流量方式

FCU

三方閥
（三方控制閥）

FCU

利用迴路使冷熱水
不通過FCU！

泵浦的旋轉數
為一定

熱源

泵浦

調整水量

變流量方式

FCU

二方閥
（二方控制閥）

FCU

泵浦的旋轉數
降低

熱源

泵浦

....

答案 ▶ ×

Q 空調設備的分區是依據房間用途、使用時間、空調負荷和方位等綜合考量，將空調系統分割成數個區域。

....

A 大致上可以分成外圍部分的<u>外周區</u>（perimeter zone）和內部的<u>內部區</u>（internal zone）。在面積廣大或使用者不同的情況下，將平面加以分割（答案是○）。

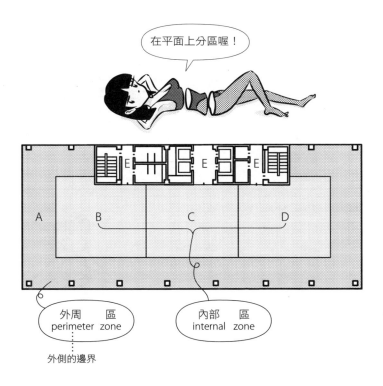

在平面上分區喔！

外周　　區
perimeter　zone

內部　　區
internal　zone

外側的邊界

....

答案 ▶ ○

Q 外周區是指從建物外圍往內約5m範圍，為熱負荷較大的部分。

A <u>外周區</u>是指在建物外圍部分，冷暖氣負荷較大的區域。計算係數時，大多是從外牆或玻璃往內<u>5m</u>的範圍（答案是○）。

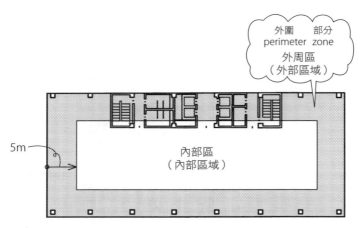

外圍　部分
perimeter zone
外周區
（外部區域）

5m

內部區
（內部區域）

係數計算的方法並不是外周區的深度×長度

冷暖氣在外圍部分的消耗較大喔！

Q 窗戶的隔熱性能越好，PAL（外周區年間負荷係數）的值就越大。

....

A 外周區年間負荷係數（perimeter annual load, PAL）是指靠近窗戶或外牆的外周區，每1m²的年間熱負荷。窗戶部分是隔熱的弱點所在，與內部區相比，熱負荷較高。窗戶的隔熱性能越好，PAL的值就會越小（答案是×）。

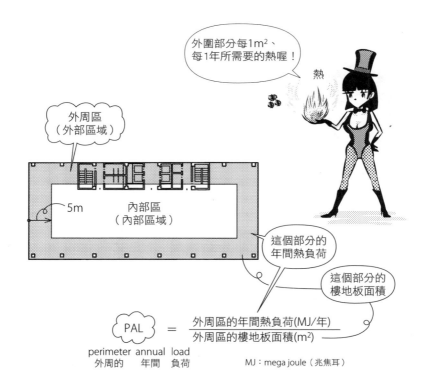

外圍部分每1m²、每1年所需要的熱喔！

熱

轟轟

外周區（外部區域）

5m　　內部區（內部區域）

這個部分的年間熱負荷

這個部分的樓地板面積

$$PAL = \frac{外周區的年間熱負荷(MJ/年)}{外周區的樓地板面積(m^2)}$$

perimeter　annual　load
外周的　　年間　　負荷

MJ：mega joule（兆焦耳）

- 表示外牆性能的 <u>PAL</u>，常稍微改變樓地板面積的計算方式，用 <u>PAL*</u> 表示。PAL* 的樓地板面積＝外周的長度×5m，角落部分會有重複，比實際樓地板面積多。

....

答案 ▶ ×

Q 冷媒或水從液體變成氣體時，周圍會放出熱。

A 汗水揮發時，會感覺到一股涼意。液體的水成為氣體的水蒸氣，產生<u>汽化</u>（蒸發）現象，將熱帶走，稱為<u>汽化熱（蒸發熱）</u>。成為氣體時，分子運動較活躍，為了獲得運動的能量，會從周圍將熱帶走（答案是 ×）。

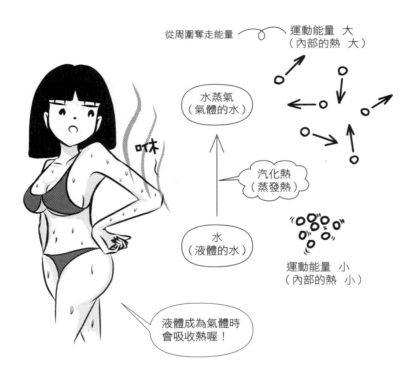

答案 ▶ ×

Q 冷媒或水從氣體變成液體時，周圍會放出熱。

....

A 材質吸濕發熱的內衣，就是吸收汗的水蒸氣，利用氣體變成液體時
的發熱作用。為了不讓熱逸散，運用高斷熱性，使成為液體的汗再
度發生汽化，不讓熱逃走；另外也下了一番工夫，讓汽化在遠離皮
膚的外側發生。從氣體變成液體稱為凝縮（凝結），此時產生的熱
就是凝結熱（答案是○）。

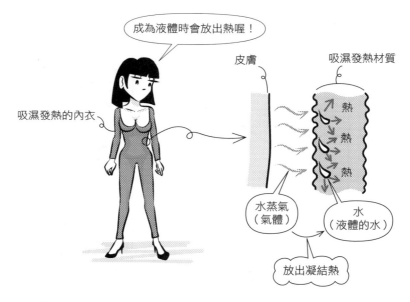

┌─ Point ──────────────────────────────────┐

　　　汽化（液體→氣體）…吸收熱 ⇨ 分子運動能量大

　　　凝結（氣體→液體）…放出熱 ⇨ 分子運動能量小

└──────────────────────────────────────┘

● 凝縮也可稱為凝結。凝固則是指液體變成固體的現象。

....

答案 ▶ ○

Q 要讓氣體的冷媒或水成為液體，可以用加壓的方式。

A 冷媒或水的三態（固體、液體、氣體），以溫度、壓力繪圖時，如下圖所示。要將氣體強制地、機械式地變化成液體，需要加大壓力，也就是常用壓縮的方式（答案是○）。冷凍機或空調壓縮機的用途正是如此。

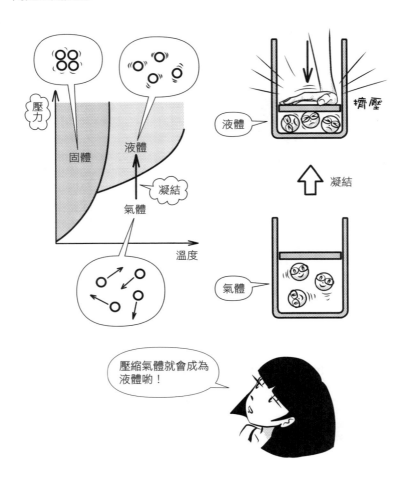

答案 ▶ ○

Q 使用空氣熱源熱泵式室內空調機的暖氣效果，會隨著外氣溫度的下降而降低。

....

A 將空氣的熱（heat）從低溫部抽吸（pump）至高溫部，就是<u>空氣熱源熱泵</u>（熱泵：heat pump）的原理。外氣溫越低，外氣中的熱就越少，可吸取的熱會減少，使暖氣效果變差（答案是○）。冷氣與暖氣相反，是從低溫的室內將熱吸取至高溫的室外。在冷氣的情況下，室外不會像冬天這麼低溫，因此不會發生和暖氣一樣的問題。

2

汽化與凝結·莫里爾圖

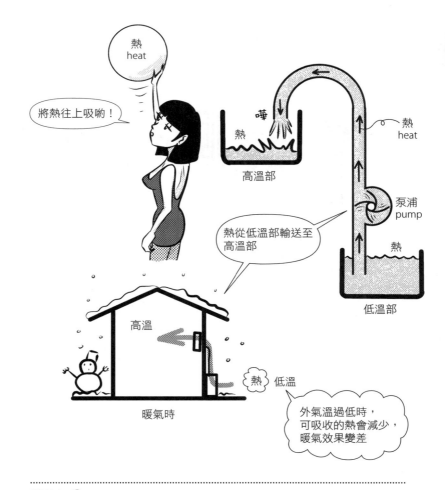

....

答案 ▶ ○

Q 使用空氣熱源熱泵式室內空調機的冷氣時，室內是以冷媒進行汽化，室外則是凝結。

A 空氣熱源熱泵是藉由冷媒的汽化吸收熱，凝結放出熱，來進行熱的輸送。冷氣就是在室內進行汽化，室外進行凝結，將熱往外面排出（答案是○）。

Q 使用空氣熱源熱泵式室內空調機的暖氣時，室內是以冷媒進行汽化，室外則是凝結。

....

A 空氣熱源熱泵是藉由冷媒的汽化吸收熱，凝結放出熱，來進行熱的輸送。暖氣是將外部寒冷的空氣進行汽化吸收熱，溫暖的室內則是凝結放出熱（答案是 ✕）。將熱從低處（低溫的空氣）往高處（高溫的空氣）吸取，就是空氣熱源熱泵運作的機制。

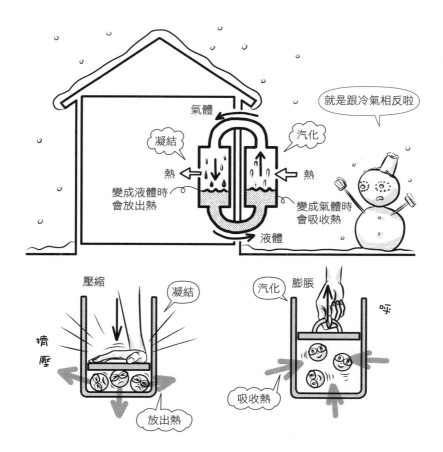

....

答案 ▶ ✕

Q 在考量環境的前提下，應該採用性能係數（COP）較小的空氣熱源熱泵式室內空調機。

....

A 性能係數（coefficient of performance, COP）是用來表示冷氣、暖氣、冷凍能力的係數，以冷暖氣能力（製冷能力、製熱能力）/消耗電力來表示。每1kW電力可以產出多少冷氣（暖氣）的意思，因此COP越大，表示機械的效率越佳（答案是×）。

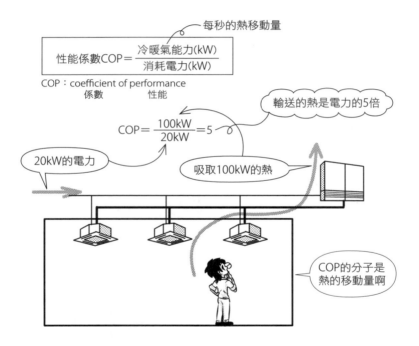

每秒的熱移動量

$$性能係數COP = \frac{冷暖氣能力(kW)}{消耗電力(kW)}$$

COP：coefficient of performance
　　　係數　　　　　　性能

$$COP = \frac{100kW}{20kW} = 5$$

輸送的熱是電力的5倍

20kW的電力

吸取100kW的熱

COP的分子是熱的移動量啊

....

答案 ▶ ×

Q 暖氣時的空氣熱源熱泵式室內空調機的COP是3，電暖器的COP則是2。

....

A 熱泵輸送熱時會使用電力，所輸送的熱是消耗電力的好幾倍，因此COP很可能是3或5。另一方面，電暖器是電能經過電阻轉換成熱能。此時的熱能不會比電能大，反而會消耗一些能量，因此COP會是0.5或0.7等，也就是1以下的數字（答案是×）。

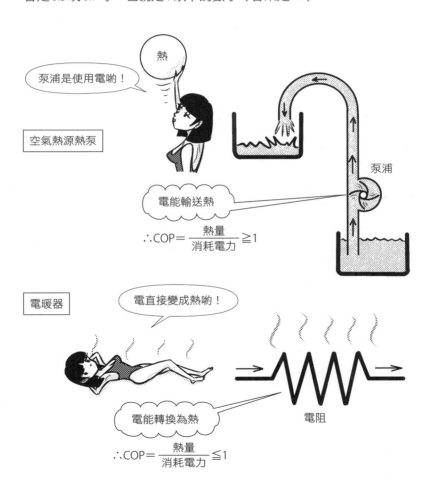

2

汽化與凝結·莫里爾圖

熱

泵浦是使用電唷！

空氣熱源熱泵

泵浦

電能輸送熱

$$\therefore COP = \frac{熱量}{消耗電力} \geq 1$$

電暖器

電直接變成熱唷！

電能轉換為熱

電阻

$$\therefore COP = \frac{熱量}{消耗電力} \leq 1$$

....

答案 ▶ ×

Q 空調機的APF（全年能源效率值）是用預定年間綜合負荷除以額定時的消耗電力來計算。

....

A 額定輸出是指在安全範圍內的最大輸出，此時的消耗電力就稱為額定消耗電力。APF（annual performance factor，全年能源效率值）是以全年能力計算出來的指標，中間輸出也要計算（答案是 ×）。

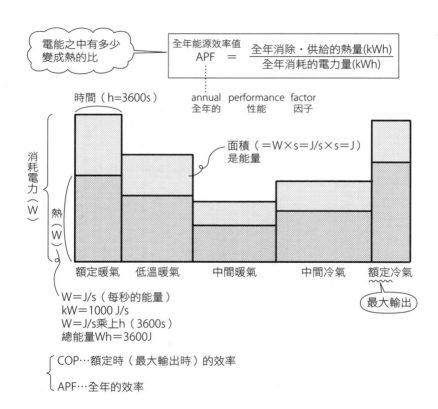

電能之中有多少變成熱的比

全年能源效率值
APF ＝ 全年消除・供給的熱量(kWh) / 全年消耗的電力量(kWh)

時間（h=3600s）

annual performance factor
全年的　　性能　　因子

面積（=W×s=J/s×s=J）是能量

消耗電力（W）

熱（W）

額定暖氣　低溫暖氣　中間暖氣　中間冷氣　額定冷氣

最大輸出

W＝J/s（每秒的能量）
kW＝1000 J/s
W＝J/s乘上h（3600s）
總能量Wh＝3600J

COP…額定時（最大輸出時）的效率

APF…全年的效率

....

答案 ▶ ×

Q 瓦斯引擎熱泵是將熱泵運轉所得的加熱量加上引擎排熱量，兩者合計利用。

....

A 氣體凝結成液體需要壓縮機施加壓力。若不是利用交流馬達，而是用瓦斯燃燒產生旋轉的瓦斯引擎，就稱為<u>瓦斯引擎熱泵</u>。暖氣時也會使用瓦斯的排熱（答案是○）。

Q 冷卻塔的冷卻效果主要得自：
　1.「與冷卻水接觸的空氣溫度」和「冷卻水的溫度」，兩者的差值。
　2. 冷卻水與空氣接觸時，水的蒸發潛熱。

A 冷卻塔是將熱水像淋浴一般落下，藉由空氣的流動，讓一部分的熱水蒸發、汽化。水在汽化時會吸收熱，將熱水冷卻（**1**是×，**2**是○）。

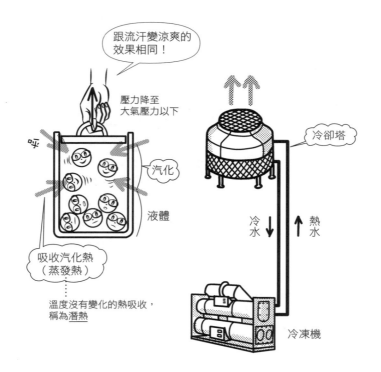

答案 ▶ 1. ×　2. ○

Q 蒸發潛熱是液體變化成相同溫度的氣體時，所需要的熱量。

A 液體變成氣體時，分子運動變得旺盛。能量增加的部分會從周圍吸收熱，因為是使用狀態變化時所吸收的熱，溫度沒有變化。像這樣在狀態變化下沒有伴隨溫度變化的熱（能量），稱為潛熱。如下的空氣線圖，A→B變化所需的熱，是由溫度變化等外部可知的熱而來，稱為顯熱。另一方面，B→C蒸發所需的熱，沒有溫度變化，是從外部不可知的熱，就稱為潛熱（答案是○）。

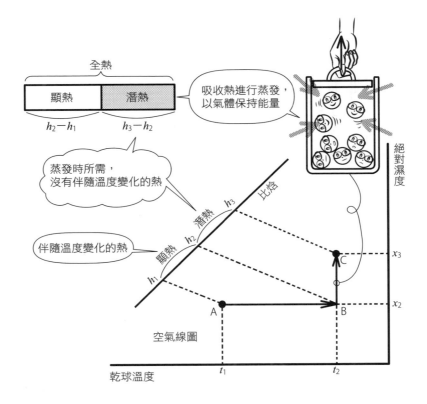

2

汽化與凝結・莫里爾圖

- 焓是表示內部能量，比焓是在乾球溫度0℃、絕對濕度0kg/kg（DA）下，假設焓為0時的內部能量。從比焓的差（變化量）可以知道能量（熱）的進出量。

答案 ▶ ○

Q 冷卻塔的冷卻水溫度不會比外氣濕球溫度還要低。

A 如下圖所示，濕球溫度是以包覆著濕潤紗布的溫度計所測量出來的溫度。蒸發（汽化）會吸收熱使溫度下降，當周圍的空氣達到飽和，再也無法進行蒸發時，就會無法下降。此時的溫度就是濕球溫度。空氣乾燥時，蒸發量較多，濕球溫度會下降。在冷卻塔中，空氣與水接觸，讓水蒸發，水的溫度下降。周圍空氣達到飽和時，也就是達到濕球溫度的狀態下，不會再進行蒸發，水的溫度也就不會下降（答案是○）。

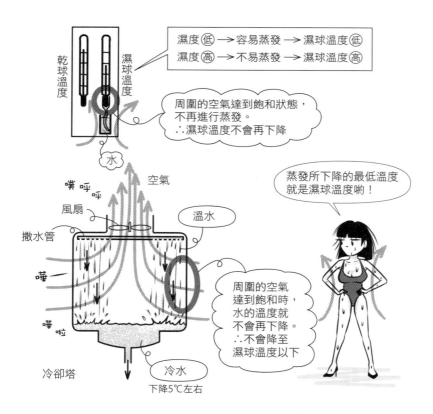

乾球溫度　濕球溫度

濕度低 → 容易蒸發 → 濕球溫度低
濕度高 → 不易蒸發 → 濕球溫度高

周圍的空氣達到飽和狀態，不再進行蒸發。
∴濕球溫度不會再下降

水

噗 呼 呼　　空氣
風扇
撒水管
嘩
嘩 啦

溫水

蒸發所下降的最低溫度就是濕球溫度喲！

周圍的空氣達到飽和時，水的溫度就不會再下降。
∴不會降至濕球溫度以下

冷卻塔

冷水
下降5℃左右

答案 ▶ ○

Q 自然冷卻塔是指不運轉冷卻塔風扇，而以冷凍機的冷卻水進行冷卻的節能手法。

....

A 風機盤管空調系統式的冷氣，一般是使用冷凍機的冷水，冷凍機的熱以冷卻塔冷卻。春、秋的過渡期可以只使用冷卻塔的冷水，不必啟動冷凍機，直接將冷卻塔和風機盤管空調系統連結在一起。這種方式稱為<u>自然冷卻塔</u>（答案是 ×）。

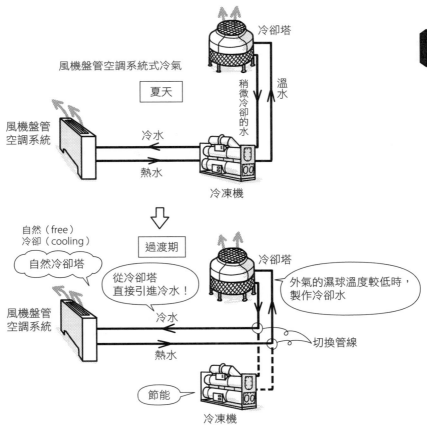

• free cooling（自然冷卻）的cooling，是指以冷凍機冷卻的意思。

....

答案 ▶ ×

Q 相較於開放式冷卻塔，冷卻水不與大氣直接接觸的密閉式冷卻塔，送風動力較大，較少發生因冷凍機性能降低而產生的水質劣化。

A 如下圖所示，<u>密閉式冷卻塔</u>將冷卻水封閉在盤管之中，是不開放在大氣下的冷卻塔。如此一來，冷卻水不易髒污，若是冷卻水中產生細菌也不會散布到外面。由於構造較複雜，設備成本比較高。此外，空氣的流動性不佳，需要較大的送風動力（答案是○）。

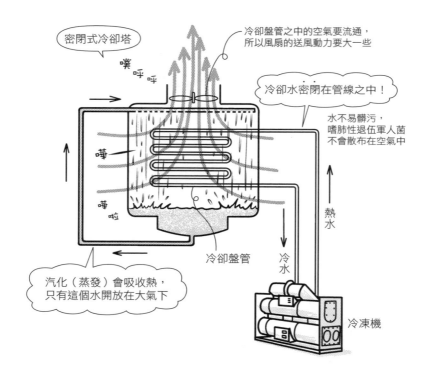

密閉式冷卻塔

冷卻盤管之中的空氣要流通，所以風扇的送風動力要大一些

冷卻水密閉在管線之中！

水不易髒污，嗜肺性退伍軍人菌不會散布在空氣中

熱水

冷卻水

冷卻盤管

冷凍機

汽化（蒸發）會吸收熱，只有這個水開放在大氣下

● 原子能的冷卻，在爐內循環的一次冷卻水會以二次冷卻水冷卻，這種以冷卻水（海水）冷卻的方式，不會讓放射性物質排放到外面。

這個單元說明莫里爾圖（Mollier diagram）和冷凍循環。莫里爾圖是由德國應用物理學家理查‧莫里爾（Richard Mollier）提出，<u>以壓力（pressure）為縱軸、比焓（enthalpy）為橫軸，用來表示冷媒的狀態</u>，亦稱 <u>p-h 線圖</u>。p 是 pressure（壓力），h 是 heat（熱）或 heat content（熱含量）。

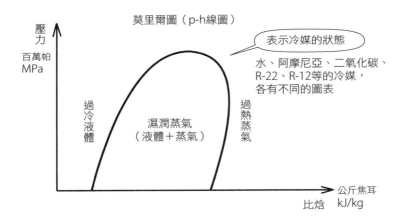

莫里爾圖（p-h 線圖）

壓力

百萬帕
MPa

過冷液體

濕潤蒸氣
（液體＋蒸氣）

過熱蒸氣

表示冷媒的狀態

水、阿摩尼亞、二氧化碳、R-22、R-12等的冷媒，各有不同的圖表

公斤焦耳 kJ/kg
比焓

<u>焓是對於外部可以作多少功的能量</u>，有時也譯為<u>含熱量</u>。<u>以能量/質量的 kJ/kg 為單位使用</u>。比如 100kJ/kg，就是每 1kg 蓄積了 100kJ 的能量。此時的能量 H，除了熱能 U 之外，還有壓力×體積變化的 $P\Delta V$。焓和溫度、壓力、體積一樣，都是<u>表示物質狀態的狀態量</u>。焓越大，表示作功的能力越大。

$$焓 ＝ 熱能 ＋ 膨脹‧收縮的能量$$
$$H \qquad U \qquad\qquad P\Delta V$$

比焓加上「比」字，表示<u>在某個溫度下的值為 0，再以此值為基準，與之相比的焓</u>，就是比焓。例如，從 10℃ 到 5℃ 無收縮的變化，只要計算各自的比焓差，就可以得到失去的熱量。從 60kJ/kg 到 40kJ/kg 的無收縮變化，表示失去了 20kJ/kg 的能量（熱量）。

焓（enthalpy）表示能量，另外有個類似用語熵（entropy）是表示
「混亂度」的指標。兩者在熱力學都有使用，容易混淆。
如下的莫里爾圖，飽和液線與飽和蒸氣線包圍起來的區域，是液體
⇄蒸氣狀態變化的範圍。飽和液線是不冷卻就不會成為液體的點，
飽和蒸氣線則是不加熱就不會變成蒸氣的點。

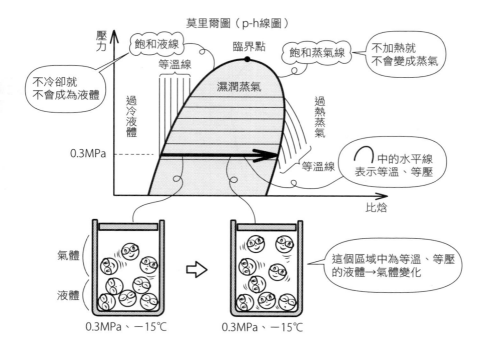

下圖中，增加−15℃的濕潤蒸氣的比焓，讓蒸發（汽化）進行，蒸
氣會在飽和蒸氣線的位置達到飽和，−15℃在這之後就不再蒸發。
若仍要蒸發，溫度就會變成−10℃、−5℃的過熱狀態。

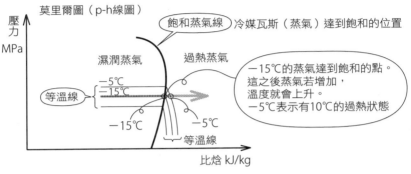

利用機械等不讓冷媒瓦斯（蒸氣）的熱逸散，進行（斷熱）壓縮
時，狀態變化成等熵線。

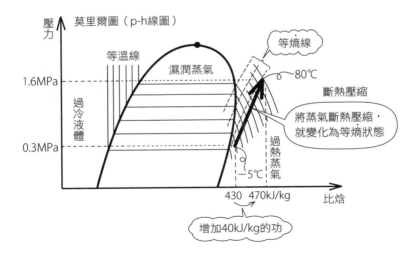

● 斷熱之後就不是熱量交換，熵的增加量＝（熱量的增加量）/（絕對溫度），若
熱量變化量為0，熵的變化量就是0。壓縮的力 × 體積變化所得的能量，會在內
部蓄積熱，讓焓增加。

斷熱壓縮成為高溫、高壓的冷媒瓦斯，狀態會變化成液體。從氣體
（蒸氣）到液體的變化稱為凝結，下例是凝結溫度為42℃的情況。
在42℃的定溫定壓下，狀態從蒸氣變化成液體。

氣體（蒸氣）的分子運動較旺盛，成為液體時運動就會安靜下來。
這個分子運動的能量差會對外放出熱，讓溫度從42℃降至37℃。
在下例中，高溫高壓瓦斯（蒸氣）470kJ/kg從至液體的260kJ/kg，
能量（比焓）產生轉移，此差值表示對外放出了210kJ/kg的熱。

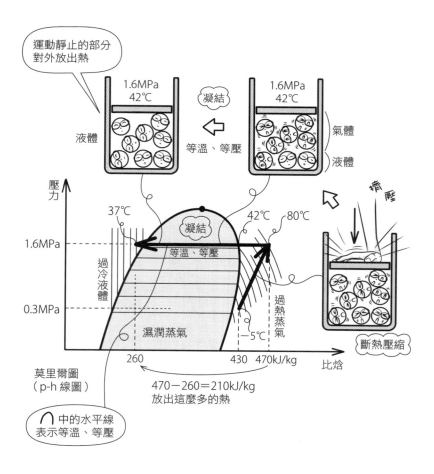

凝結成液體的冷媒，通過膨脹閥進入蒸發器。膨脹之後壓力和溫度
會下降。如下例所示，下降至0.3MPa、−15℃，達到蒸發溫度。在
低壓下會產生低溫蒸發，高壓下則產生高溫凝結。從液體至氣體
（蒸氣）的蒸發開始後，因分子運動的緣故會吸收熱，焓會增加，
在圖中的位置往右移動。

冷凍循環就是反覆進行蒸
發→壓縮→凝結→膨脹。
壓縮時會從外部加入功。
此功量可以吸收幾倍的
熱，從外部吸收多少，就
是冷凍機的能力（COP）。

2

汽化與凝結‧莫里爾圖

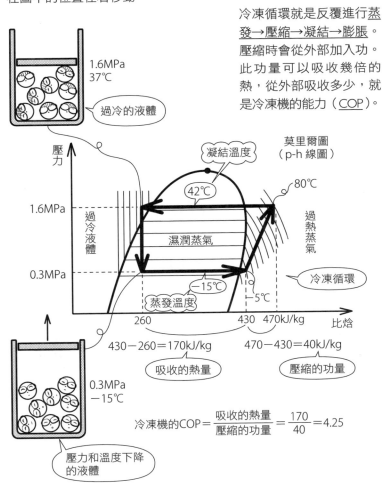

1.6MPa
37℃

過冷的液體

莫里爾圖
（p-h 線圖）

凝結溫度

42℃

80℃

壓力

1.6MPa

過冷液體

濕潤蒸氣

過熱蒸氣

0.3MPa

−15℃

−5℃

冷凍循環

蒸發溫度

260　　　　430　470kJ/kg　比焓

430−260＝170kJ/kg

吸收的熱量

470−430＝40kJ/kg

壓縮的功量

0.3MPa
−15℃

壓力和溫度下降
的液體

$$冷凍機的COP＝\frac{吸收的熱量}{壓縮的功量}＝\frac{170}{40}＝4.25$$

● 上述的COP公式，壓縮的功量＝消耗電力。實際上，消耗電力不會100%成為功
　量，會有散失。

蒸發→壓縮→凝結→膨脹的冷凍循環,在這裡記下來吧。

如下的莫里爾圖,若將冷凍循環的梯形上邊向下移(①),壓縮的功量 W 變小,COP = 吸收的熱量 H/W 就向上升。若是下邊往上(②),H 變大,W 變小,COP = H/W 也是向上升。請記住,梯形越扁平、越橫長,COP就越大,效率越好。

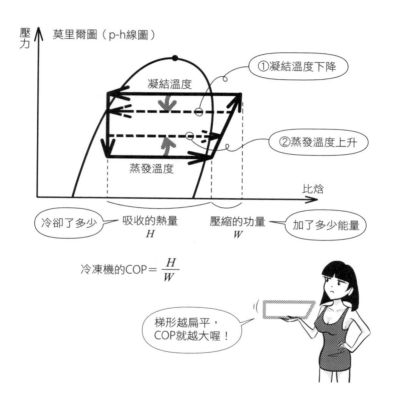

熱泵的冷氣、暖氣，也會使用冷凍循環。冷媒在蒸發（汽化）時吸收熱，凝結（液化）時放出熱。

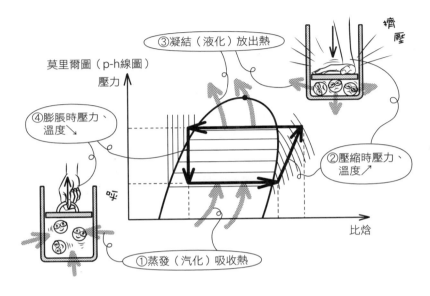

莫里爾圖（p-h線圖）

③凝結（液化）放出熱

擠壓

④膨脹時壓力、溫度↘

②壓縮時壓力、溫度↗

①蒸發（汽化）吸收熱

比焓

壓力

吸

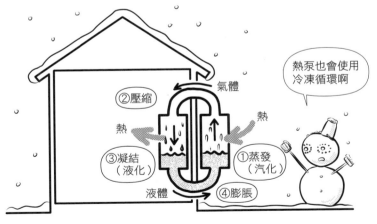

熱泵也會使用冷凍循環啊

氣體

②壓縮

熱

③凝結（液化）

熱

①蒸發（汽化）

液體

④膨脹

2

汽化與凝結・莫里爾圖

熱泵的冷凍循環，從外部施加的功的能量 W，就是壓縮冷媒瓦斯（蒸氣）的壓縮機的動力。這個能量 W 會輸送所吸收的熱 $H_冷$ 或放出的熱 $H_暖$。因此，冷氣的效率（COP）為 $H_冷/W$，暖氣的效率（COP）為 $H_暖/W$。換言之，就是計算 H 為 W 的幾倍。

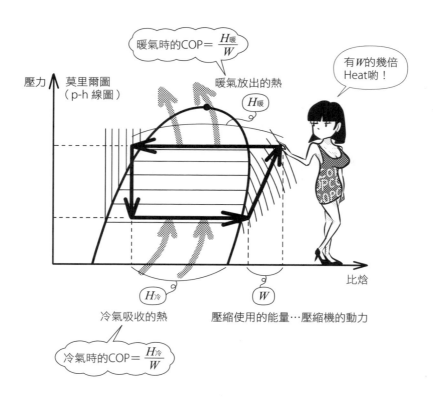

Q 冷凍機是冷媒在汽化時吸收熱，吸收的熱又在冷媒凝結時放出的循環構造。

....

A 如下圖所示，冷凍機的構造是①蒸發（吸收熱）、②壓縮、③凝結（放出熱）、④膨脹的反覆循環。這個循環稱為<u>冷凍循環</u>，與熱泵的冷媒循環相同（答案是○）。逸散出的熱利用冷卻塔等向外排出。

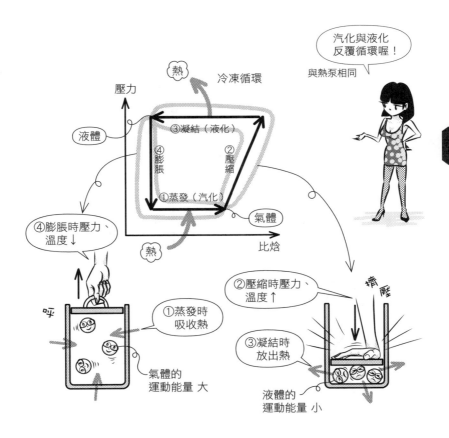

Q 冷凍機依據機械的壓縮方式，可分為活塞冷凍機、離心式冷凍機等。

....

A 以機械進行冷凍循環的壓縮時，利用活塞的往復運動壓縮者，為<u>活塞冷凍機</u>（<u>往復式冷凍機</u>〔 reciprocating refrigerator 〕）；利用渦輪的旋轉運動壓縮者，則為<u>離心式冷凍機</u>（渦輪式冷凍機〔 turbo refrigerator 〕）。其他還有使用螺旋的<u>螺旋式冷凍機</u>（screw refrigerator），或是雙層渦盤的<u>渦卷式冷凍機</u>（scroll refrigerator）等（答案是○）。

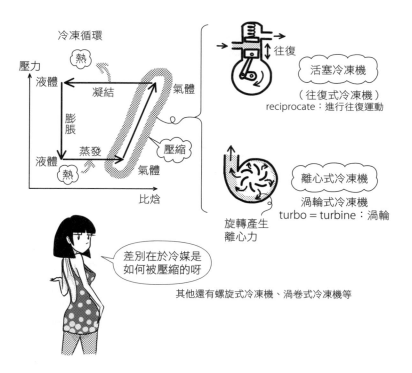

其他還有螺旋式冷凍機、渦卷式冷凍機等

....

答案 ▶ ○

Q 離心式冷凍機的冷水出口溫度設定較低時，性能係數（COP）的值會變低。

A 風機盤管空調系統是輸送冷水產生冷氣，冷凍機出來的冷水溫度會下降，是因為冷媒汽化（蒸發）時，溫度必定會下降的關係。下方上圖為壓力、溫度與物質三態的圖表，看液體與氣體的邊界線，就知道溫度下降時，壓力也會跟著下降。
在低壓進行汽化時，下方下圖的冷凍循環莫里爾圖中，對於奪取的熱量 H，壓縮所增加的能量 W 會變大，COP 會降低（答案是○）。

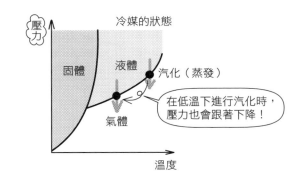

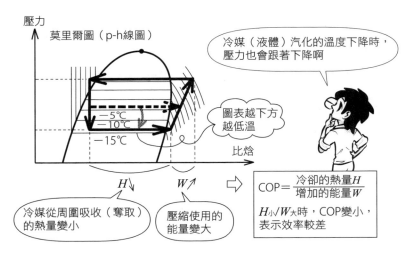

Q 離心式冷凍機的冷水出口溫度從7℃變成10℃時，性能係數（COP）的值會變低。

A 跟前一題相反，冷水的溫度上升時，COP變高，效率變好（答案是×）。

冷媒的汽化（蒸發）溫度上升時，壓力也增加，少量的壓縮能量可以吸收更多的熱量。

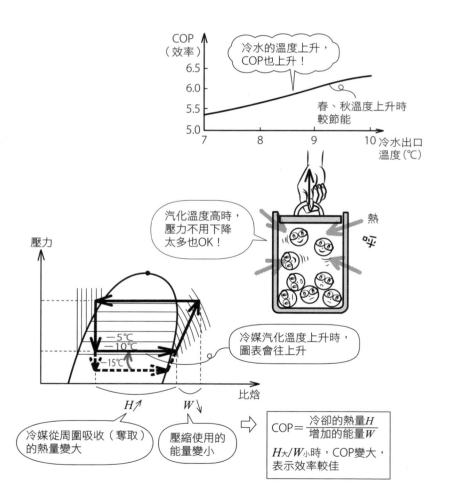

答案 ▶ ×

Q 作為冷凍機冷媒的替代氟氯烷（氫氟碳化物〔HFC〕、全氟化碳〔PFC〕），可以有效防止對臭氧層的破壞，但全球暖化潛勢比二氧化碳來得大。

....

A 以前作為冷媒使用的氟氯烷會破壞臭氧層，現在已經限制使用。<u>替代氟氯烷（<u>HFC</u>、<u>PFC</u>）</u>雖然不會破壞臭氧層，溫室效應卻比二氧化碳高（答案是○）。<u>全球暖化潛勢</u>（global warming potential, GWP）是以二氧化碳為1，作為每單位濃度的溫室效應指標，值越大就表示溫室效應越高。

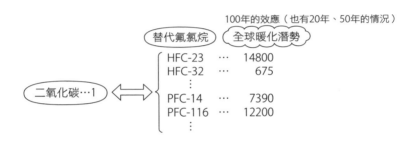

....

答案 ▶ ○

Q 隨著冷凍機冷媒的去氟氯烷化，也有以二氧化碳、阿摩尼亞、水等自然冷媒，作為替代冷媒來使用。

A 液體與氣體的狀態變化，只要冷凍循環安定，就可以作為輸送熱的冷媒。不使用氟氯烷的情況下，除了替代氟氯烷之外，亦可使用<u>二氧化碳、阿摩尼亞、水等自然冷媒</u>（答案是○）。

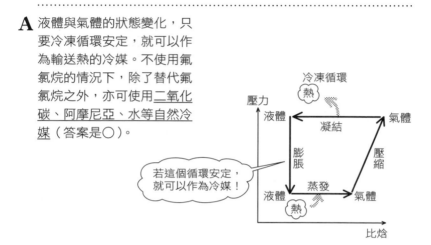

答案 ▶ ○

Q 吸收式冷凍機中，低壓容器的水蒸發時，蒸氣壓變高，在不影響蒸發進行的情況下，吸收液會吸收蒸氣。

....

A 水在低壓時較容易蒸發。氣壓為1/10時，蒸發溫度為46℃；氣壓為1/100時，6.5℃就會蒸發。

1氣壓≒1013hPa（百帕）

≒100kPa（千帕）

∴1/100氣壓≒1kPa

（h：hecto，100倍）

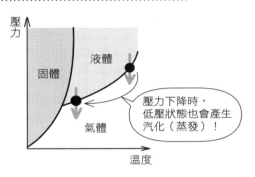

壓力下降時，低壓狀態也會產生汽化（蒸發）！

吸收式冷凍機是以1kPa左右的低壓容器將水蒸發（①）。蒸發持續進行，蒸氣壓增加，氣壓變高，蒸發會逐漸停止。此時以吸收液吸收水蒸氣，維持低壓狀態（②，答案是○）。

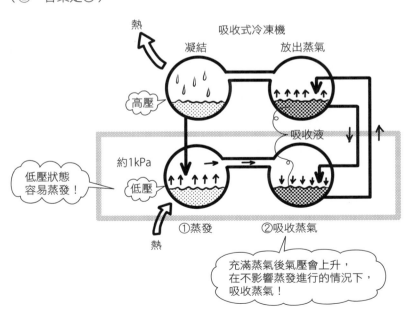

熱

吸收式冷凍機

凝結　　　放出蒸氣

高壓

吸收液

低壓狀態容易蒸發！

約1kPa

低壓

①蒸發　　②吸收蒸氣

熱

充滿蒸氣後氣壓會上升，在不影響蒸發進行的情況下，吸收蒸氣！

....

答案 ▶ ○

Q 吸收式冷凍機是以溴化鋰水溶液作為冷媒使用。

A 溴化鋰（Lithium bromide）具有良好的吸濕性，可以作為吸收液使用。吸收式冷凍機是吸收蒸氣，維持低溫容器的低壓（①），高壓容器則是擔任輸送及放出蒸氣的角色（②）。冷媒是輸送熱量的物質，而在吸收式冷凍機內，在空調機與吸收式冷凍機之間輸送熱的則是水（答案是×）。

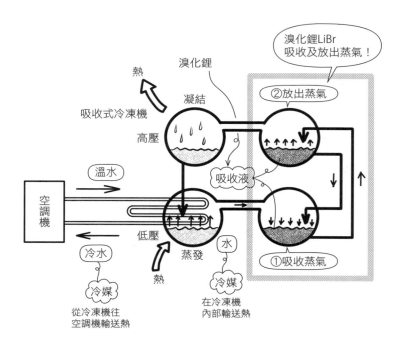

Q 吸收式冷凍機中，為了從高壓容器放出被溴化鋰水溶液吸收的水蒸氣，會使用明火或鍋爐等熱源加熱。

....

A 溴化鋰水溶液所吸收的蒸氣，必須從高壓容器中放出。除了瓦斯等直接加熱的<u>明火</u>之外，也可以使用鍋爐等熱源來加熱（答案是○）。

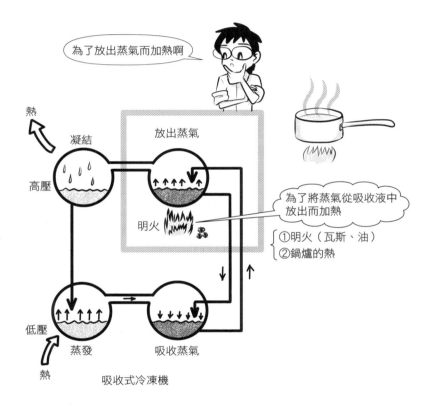

為了放出蒸氣而加熱啊

熱
凝結　　　　放出蒸氣
高壓

為了將蒸氣從吸收液中
放出而加熱
明火
①明火（瓦斯、油）
②鍋爐的熱

低壓
蒸發　　　吸收蒸氣
熱
吸收式冷凍機

....

答案 ▶ ○

Q 相較於相同能力的壓縮式冷凍機，吸收式冷凍機的冷卻水量較少，所以冷卻塔可以小型化。

....

A 吸收式冷凍機中，高壓容器加熱所放出的蒸氣（①），經過冷水盤管進行冷卻凝結（②），會變回水。而變回水時的凝結又會放出熱，將冷水變成熱水，熱量送往冷卻塔（③）。從冷卻塔送出的冷水，不是只有將從①變化至②的蒸氣凝結成水，還必須冷卻來自①的明火的熱。因此，需要比壓縮式冷凍機更多的冷水，冷卻塔的容量也必須較大（答案是 ×）。

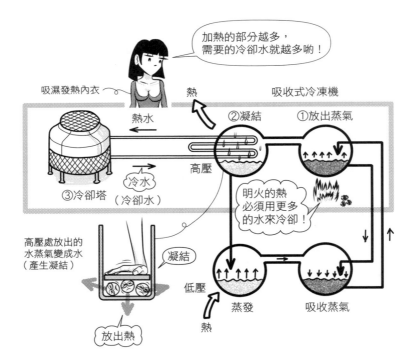

....

Q 明火式吸收式冷凍機在夏天和冬天都需要燃燒燃料，冷水、熱水是用同一台冷凍機來製作。

A <u>明火式吸收式冷凍機藉由燃燒瓦斯或油，從吸收液取出蒸氣。使用這種燃燒的熱，就可以製作出熱水（答案是○）。</u>一台冷凍機可以同時擔任冷凍機與鍋爐的角色。

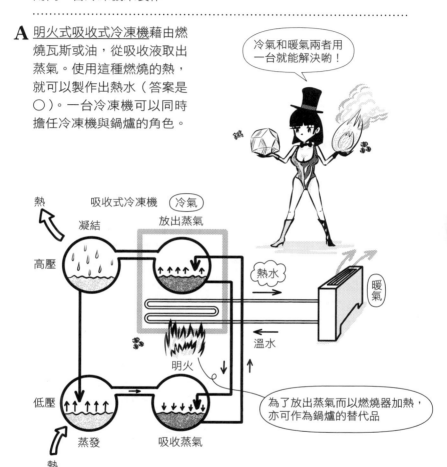

冷氣和暖氣兩者用一台就能解決喲！

熱

吸收式冷凍機　（冷氣）

凝結　　　　　　放出蒸氣

高壓

熱水

暖氣

明火

溫水

低壓

蒸發　　　　吸收蒸氣

熱

為了放出蒸氣而以燃燒器加熱，亦可作為鍋爐的替代品

3

冷凍機與鍋爐

答案 ▶ ○

Q 相較於水蓄熱式，採用冰蓄熱式空調系統，可以讓冷凍機的性能係數（COP）維持較高數值。

....

A 冰蓄熱式的冷水溫度需要保持在–4℃左右。蒸發溫度下降時，壓力也不得不降低，因此COP會下降（答案是×）。

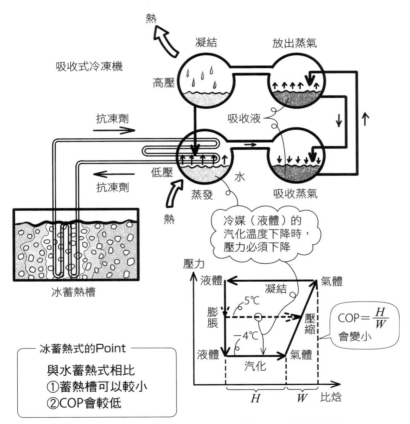

吸收式冷凍機中，*W*不是機械的壓縮，
而是吸收液進行吸收時，以及從低壓容器
移動至高壓容器時所給予的能量

....

Q 蒸氣暖氣中，輸送熱的蒸氣溫度非常高，對流器等放熱器可以較小。

....

A 鍋爐製造的蒸氣透過對流器（進行對流的機器，參見R025）輸送，蒸氣會凝結成水，放出的熱就是<u>蒸氣暖氣</u>的來源。使用的蒸氣越高溫，放熱器就可以越小（答案是○）。雖然設備較便宜，但比較難進行溫度調節，也容易產生噪音，常用於學校或工廠等場所。

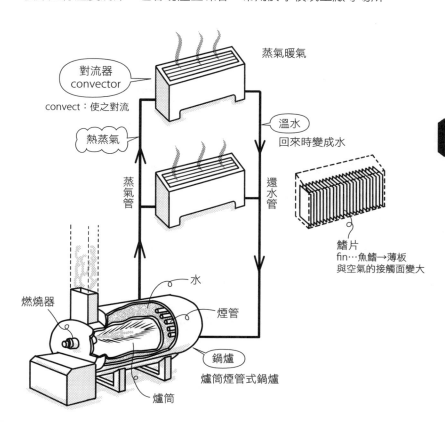

對流器
convector

convect：使之對流

熱蒸氣

蒸氣管

蒸氣暖氣

溫水
回來時變成水

還水管

鰭片
fin…魚鰭→薄板
與空氣的接觸面變大

燃燒器

水

煙管

鍋爐

爐筒煙管式鍋爐

爐筒

3

冷凍機與鍋爐

....

答案 ▶ ○

Q 蒸氣暖氣中，排放水通過放熱器（對流器、散熱器），必須設置不
讓蒸氣通過的疏水閥。

....

A 蒸氣暖氣中，放熱器讓蒸氣變成水，放出熱。這種水稱為<u>排放水</u>
（drain）。排放水在放熱器中累積，有水累積的部分不會放熱，使放
熱範圍變少。<u>疏水閥</u>（steam trap）的功能就是要很快排出排放
水，讓熱蒸氣無法跑出去。也可以使用球狀的浮標，或是面向下的
碗（水桶）等（答案是○）。

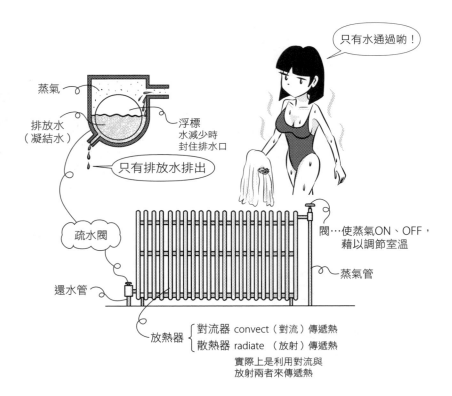

- trap原意是陷阱，<u>存水彎</u>（trap）讓排水蓄積在S型管中，是可以不讓臭味流入
  室內的構造。

....

答案 ▶ ○

Q 當星期一到來，準備開始工作，蒸氣暖氣的蒸氣通過蒸氣管時，容易發生蒸汽錘現象。

....

A 蒸氣管內殘留的水（排放水）被蒸氣推擠，撞擊到管子的彎角而產生聲響的現象，稱為蒸汽錘（steam hammer，由於撞擊的是水，也可稱為水錘〔water hammer〕）（答案是○）。蒸氣被水包圍，一下子冷卻變成水時，受到周圍的水壓迫，也會產生巨大聲響。由於蒸汽錘的衝擊，接縫或支撐等可能損壞。

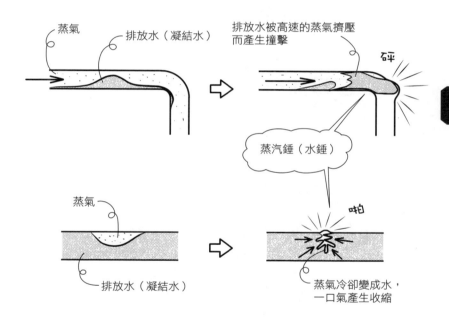

蒸氣　　　排放水（凝結水）　　　排放水被高速的蒸氣擠壓而產生撞擊　　碎

蒸汽錘（水錘）

蒸氣　　啪

蒸氣　　排放水（凝結水）　　蒸氣冷卻變成水，一口氣產生收縮

• 筆者大學時代經常夜宿東京大學工學部一號館（1935年，內田祥三設計）的製圖室。記得早上的蒸氣暖氣啟動時，都會聽到「碎、碎！」的蒸汽錘聲響呢。

....

答案 ▶ ○

（右側邊欄）**3** 冷凍機與鍋爐

Q 以熱水產生暖氣時，為了釋放水膨脹產生的水壓，會設置膨脹槽。

....

A 70～90℃左右的熱水循環時，水的膨脹會讓水壓增高，可能破壞管
線。此時可在熱水供水管最上方之上5～6m處設置水槽，作為釋
放水壓的裝置。這種裝置稱為膨脹槽（膨脹水箱）、膨脹水槽、開
放式洩壓裝置（對大氣開放的意思）（答案是○）。

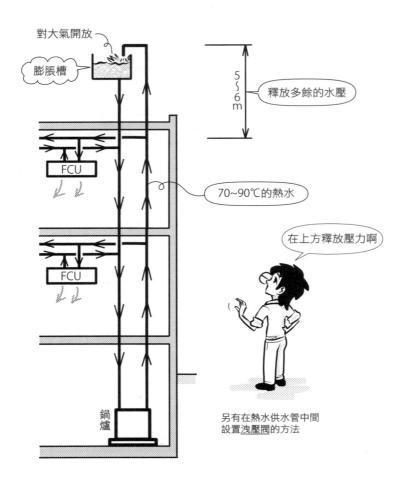

對大氣開放

膨脹槽

5～6m　釋放多餘的水壓

FCU

70～90℃的熱水

在上方釋放壓力啊

FCU

鍋爐

另有在熱水供水管中間
設置洩壓閥的方法

....

答案 ▶ ○

Q 地暖可讓室內的上下溫度差減到最少。

．．

A 讓熱水在地板流通，或是使用電暖器讓地板溫暖的地暖，可以讓室內的上下溫度差減到最少（答案是○）。裝設在天花板的風機盤管空調系統，熱風吹出的方式會讓地板附近較寒冷、天花板附近較暖和，容易形成不舒適的溫度分布。

天花板風機盤管空調系統

下方較冷喔！

暖空氣較輕會往上升，形成下冷上暖的溫度分布

上下都很溫暖呢！

地板表面約30℃

地暖

由下往上暖和，下方不會冷，下到上的溫度相當接近

熱水

長椅：柯比意作品
LC4躺椅

答案 ▶ ○

Q 擠壓風管表面的壓力是靜壓，風的速度所產生的壓力是動壓（速度壓），結合兩者往風方向的壓力則是全壓。

A ①想像把空氣放入風管的情況。

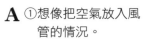
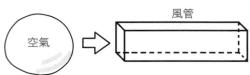

空氣　風管

②不擠壓空氣就無法放進風管。

空氣

③風管擠壓空氣產生壓力，反過來說，空氣擠壓風管壁的壓力，就是<u>靜壓</u>。

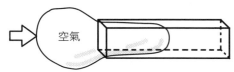

空氣是靜止的狀態

空氣

靜壓 P_s

④風管又細又長時，必須更用力擠壓空氣才能進入，靜壓隨之變大。

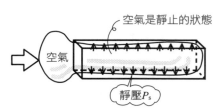

細長的風管

空氣

靜壓 P_s 大

── Point ──────────

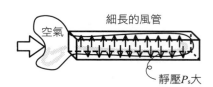

推擠牆壁的壓力是靜壓

靜壓＝空氣擠壓風管的壓力
（風管擠壓空氣的壓力）

⑤接著思考一下空氣運動時產生的能量，以及所作的功、產生的壓力。在面積為 $1m^2$ 的面上，風速 $v(m/s)$ 的空氣每 1 秒間接觸的體積為 $v(m) \times 1(m^2) = v(m^3)$。

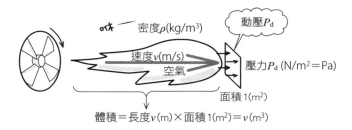

密度$\rho(kg/m^3)$

動壓P_d

速度$v(m/s)$
空氣

壓力P_d $(N/m^2 = Pa)$

面積$1(m^2)$

體積＝長度$v(m) \times$面積$1(m^2) = v(m^3)$

⑥ v (m^3) 的空氣質量，是乘上密度 ρ(rho) 的 ρv(kg)。

　質量＝密度 × 體積 ＝ $\rho(kg/m^3) \times v(m^3) = \rho v(kg)$

⑦ v (m^3) 的空氣運動能量，與壓力 P_d 所作的功相同，由此求出 P_d，可得 $P_d = \dfrac{1}{2}\rho v^2$。

$$運動能量 = \frac{1}{2} \times 質量 \times 速度^2$$

$$= \frac{1}{2}(\rho v)v^2 = \frac{1}{2}\rho v^3$$

$$壓力P_d所作的功 = P_d \times 體積變化$$
$$= P_d \times v$$

$\cdots$壓力P_d所作的功＝運動能量

$$P_d v = \frac{1}{2}\rho v^3$$

$$\therefore P_d = \frac{1}{2}\rho v^2$$

⑧作用在風管垂直面的全壓 P_t（total），是靜壓 P_s（static）與動壓 P_d（dynamic）相加所得的值（答案是○）。

Point

全壓 ＝ 靜壓 ＋ 動壓
P_t ＝ P_s ＋ P_d

P_s　P_d　P_s

空氣

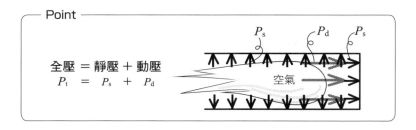

答案 ▶ ○

Q 送風機大致上可以分為往旋轉軸方向送風的軸流式送風機，以及與旋轉軸為垂直方向、往外側送風的離心式送風機。

A 如下圖所示，送風機有螺旋槳往軸方向送風的<u>軸流式送風機</u>，以及由中心往外流動的<u>離心式送風機</u>（答案是○）。離心式送風機中，依扇葉彎曲方式而異，可分為<u>渦輪式送風機</u>、<u>多翼式送風機</u>等。

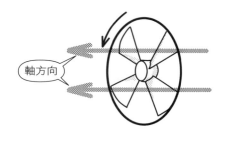

軸流式送風機

風往旋轉軸方向流動

螺旋式送風機

軸方向

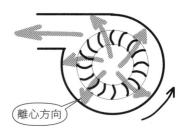

離心式送風機

風往離心方向流動

渦輪式送風機　多翼式送風機

離心方向

這就是
離心式送風機

呼

答案 ▶ ○

Q 相較於離心式送風機，軸流式送風機更需要高靜壓。

....

A 螺旋式送風機等軸流式送風機，若有風管等的抵抗（靜壓），風量會極端減少。為了降低靜壓，多是利用面朝屋外的換氣扇或冷卻塔（答案是×）。

渦輪式送風機等離心式送風機，為了製造出高靜壓和大風量，使用有風管的空調。

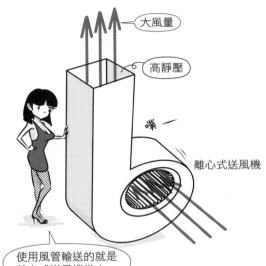

大風量

高靜壓

噗

離心式送風機

使用風管輸送的就是離心式送風機喲！

離心式送風機
渦輪式送風機

風量Q ～5000m³/分

靜壓P_s ～6000Pa

軸流式送風機
螺旋式送風機

風量Q ～500m³/分

靜壓P_s ～400Pa

Q：quantity
P：pressure

4

風管與送風

....

答案 ▶ ×

Q 靜壓—風量特性曲線是表示送風機特性的曲線，最大風量時的靜壓為0，最大靜壓時的風量為0。

A 考量風管有盡頭的情況，當風量 $Q = 0$ 時，靜壓 P_s 為最大。反之，當風管為開放狀態時，Q 為最大，$P_s = 0$。P_s 會隨著不同直徑和長度的風管而改變，因此 Q 也會隨之改變。表示 P_s 與 Q 的關係的曲線，就是<u>靜壓—風量特性曲線</u>（$P-Q$ 曲線），也是表現送風機特性的圖表（答案是○）。

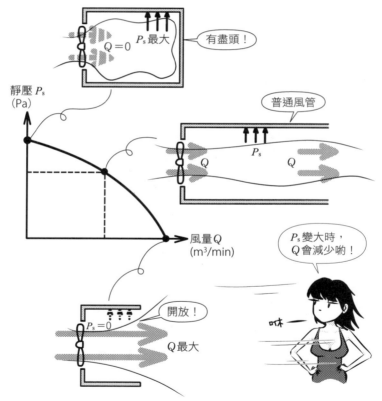

P：pressure　s：static　Q：quantity

答案 ▶ ○

Q 長方形風管的直管部（直線管的部分），在相同風量、相同斷面積的條件下，若形狀為正方形的風管，單位長度的壓力損失較小。

....

A 風管長邊與短邊的比稱為<u>長寬比</u>（aspect ratio，寬高比、縱橫比），若為 1 就是正方形。空氣易於流動的順序為圓形＞正方形＞長方形，越扁平就越難流動。流動越困難表示空氣壓力損失越多。每公尺有多少帕（Pa：Pascal，帕斯卡）的損失稱為<u>壓力損失</u>（pressure loss），或稱為<u>阻力</u>（答案是○）。長寬比一般希望在<u>4 以下</u>較佳。

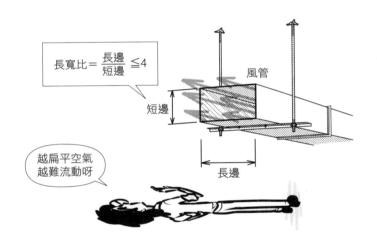

$$長寬比＝\frac{長邊}{短邊}≦4$$

風管

短邊

越扁平空氣
越難流動呀

長邊

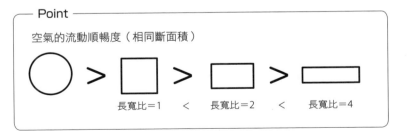

4

風管與送風

┌─ **Point** ─────────────────────────────

空氣的流動順暢度（相同斷面積）

○ ＞ □ ＞ ▭ ＞ ▭

長寬比＝1　＜　長寬比＝2　＜　長寬比＝4

└──────────────────────────────────────

....

答案 ▶ ○

Q 空調或換氣風管中，直管部分每單位長度的壓力損失，與風速的二次方成正比。

A 空氣在圓形風管流動時，管會產生摩擦抵抗，損失 ΔP_t，使全壓 P_t 降低。損失的 ΔP_t 就稱為壓力損失、摩擦損失、阻力等。ΔP_t 的計算式如下所示，與風速的二次方 v^2 成正比（答案是○）。長方形風管的 ΔP_t，可以從圓形風管的計算式換算得出。

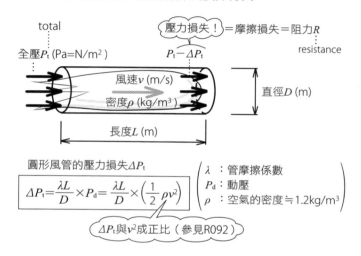

total

壓力損失！＝摩擦損失＝阻力R

全壓P_t (Pa=N/m²)

$P_t - \Delta P_t$

resistance

風速v (m/s)
密度ρ (kg/m³)

直徑D (m)

長度L (m)

圓形風管的壓力損失ΔP_t

$$\Delta P_t = \frac{\lambda L}{D} \times P_d = \frac{\lambda L}{D} \times \left(\frac{1}{2}\rho v^2\right)$$

λ　：管摩擦係數
P_d　：動壓
ρ　：空氣的密度≒1.2kg/m³

ΔP_t與v^2成正比（參見R092）

每秒流過的空氣體積，就是斷面積 A(m²) 與風速 v(m/s) 的乘積 $A \times v$。

每分鐘的風量 Q(m³/min) 轉換成每秒就是 $\frac{1}{60}Q$(m³/min)，$Av = \frac{1}{60}Q$。

因此，$v = \frac{Q}{60A}$，ΔP_t 與 v^2 成正比，就表示也與 Q^2 成正比。

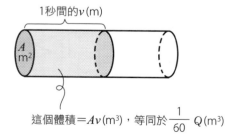

1秒間的v(m)

A
m²

這個體積＝Av(m³)，等同於 $\frac{1}{60}Q$(m³)

• Δ（delta）表示變化量。ΔP_t 就是 P_t 的變化量。

答案 ▶ ○

Q 圓形風管中，若將風管尺寸變大，風速下降30%，以同樣的風量送風時，壓力損失約為1/2。

....

A

$$動壓 P_d = \frac{1}{2}\rho v^2 \quad （參見R092）$$

$\rho \fallingdotseq 1.2 (kg/m^3)$：空氣的密度
v：風速(m/s)

風壓與v^2成正比

$$壓力損失 \Delta P_t = C \times P_d = C \times \left(\frac{1}{2}\rho v^2\right)$$

C：損失係數

由於管摩擦的關係，壓力損失也與v^2成正比。此處的C為損失係數，由風管形狀決定，介於1前後的定數。若為圓形直管，會使用$\lambda L/D$來代替C。將時間單位統一以秒（second）表示時如下：

$$每分鐘的風量 Q(m^3/min) = 每秒的風量 \frac{1}{60}Q(m^3/s)$$

這個風量等同於斷面積$A(m^2) \times v(m/s)$

$$Av = \frac{1}{60}Q \qquad \therefore v = \frac{Q}{60A}$$

因此可知P_d、P_t也和Q^2成正比。

$$P_d 、P_t \cdots 與 v^2、Q^2 成正比$$

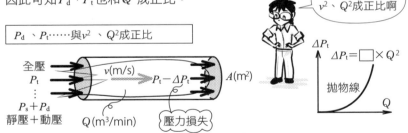

全壓
P_t
$\vdots$
$P_s + P_d$
靜壓＋動壓

$v(m/s)$　　$P_t - \Delta P_t$　$A(m^2)$

$Q(m^3/min)$　壓力損失

壓力損失與v^2、Q^2成正比啊

ΔP_t
$\Delta P_t = \boxed{\ } \times Q^2$
拋物線
Q

本節的問題是假設將v減少30%，成為$0.7v$，$(0.7v)^2 = 0.49v^2$，與ΔP_t成正比。因此，壓力損失約為1/2（答案是○）。

壓力　　＝ □ ×v的自乘（平方）
壓力損失＝ ○ ×v的自乘（平方）
v：velocity（速度）

....

答案 ▶ ○

4
風管與送風

Q 風管的壓力損失，可以從風管各部分的壓力損失合計得出。

A 風管摩擦造成的壓力損失（阻力），依據直線或曲線、出入口、斷面形狀為圓形或長方形，以及是否設有扇葉而異。動壓 $P_d = 1/2\ \rho v^2$（參見R092）所乘上的<u>損失係數 C</u> 的值，也是隨風管形狀而異。算出個別的壓力損失後相加，就可以得到整體的壓力損失。換言之，就是直接將阻力相加（答案是◯）。

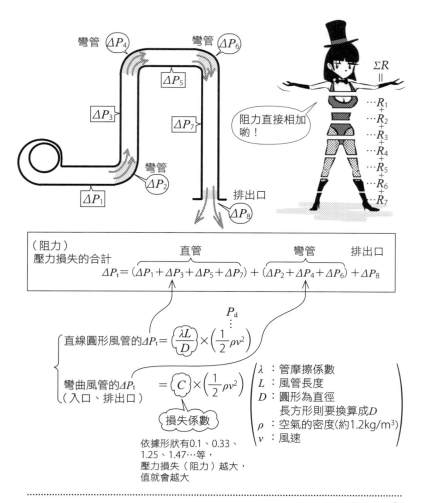

Q 知道風量 Q(m³/min) 與圓形風管直徑,就可以從壓力損失線圖求得每100m的壓力損失 ΔP_t (Pa/100m)。

....

A 求出風管各部分的壓力損失(摩擦產生的阻力),再將風管全部的壓力損失相加之後,就可以得到風管整體的壓力損失。另一個方法是使用如下圖表。長方形風管的壓力損失(阻力)要先轉換成相同斷面積的圓形風管,計算出直徑 D(m) 為多少。只要知道整體的風量 Q(m³/min) 或風速 v(m/s),就可以從壓力損失線圖得到每100m的壓力損失 ΔP_t (Pa/100m)(答案是○)。

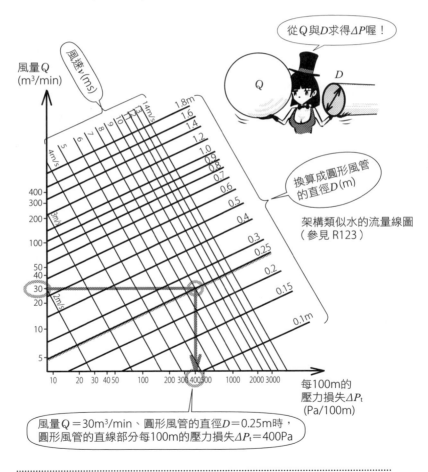

從 Q 與 D 求得 ΔP 喔!

換算成圓形風管的直徑 D(m)

架構類似水的流量線圖
(參見 R123)

4
風管與送風

風量 Q =30m³/min、圓形風管的直徑 D=0.25m時,圓形風管的直線部分每100m的壓力損失 ΔP_t=400Pa

....

答案 ▶ ○

Q 計算風管的長度時，可使用已考量彎曲阻力的等長直管來求得，由相同直管長度的壓力損失曲線與靜壓—風量特性曲線的交點，可求得風量Q。

A

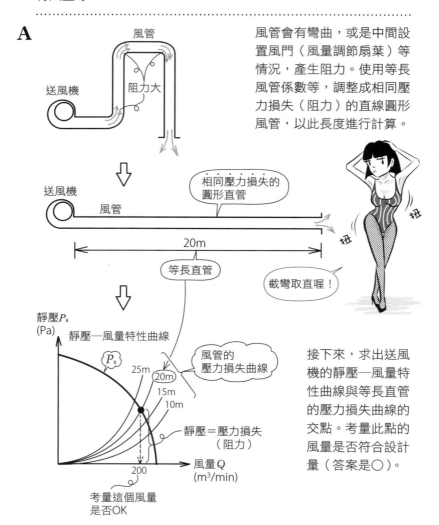

風管會有彎曲，或是中間設置風門（風量調節扇葉）等情況，產生阻力。使用等長風管係數等，調整成相同壓力損失（阻力）的直線圓形風管，以此長度進行計算。

接下來，求出送風機的靜壓—風量特性曲線與等長直管的壓力損失曲線的交點。考量此點的風量是否符合設計量（答案是○）。

答案 ▶ ○

本節整理從風量 Q 求出壓力損失 ΔP_t 的方法。最基本的方式是先計算出各部分的壓力損失再相加，簡略的方式則是使用圖表。得到的 ΔP_t 再加上一些餘裕 α（10～20%）後成為 P_s，以此選定送風機。

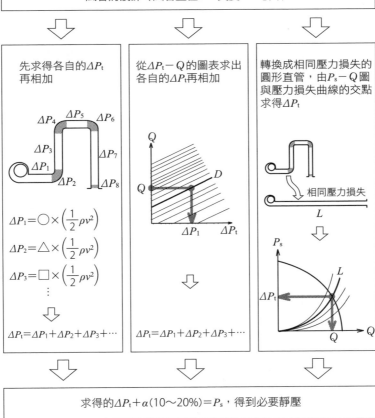

Q 送風機的特性曲線圖表中包含全壓P_t、靜壓P_s、效率η、軸動力 W、風管的阻力（壓力損失）R等。

··

A 送風機的<u>特性曲線</u>，是由實驗所得的數據加以圖表化，為風量Q 相對於P_t、P_s、η（eta）、W、R等的曲線（答案是○）。風管的阻 力（壓力損失）R與Q的二次方成正比，因此圖表為拋物線。泵浦 的特性曲線是類似的圖表。差別只在於是以空氣輸送或以水輸送。

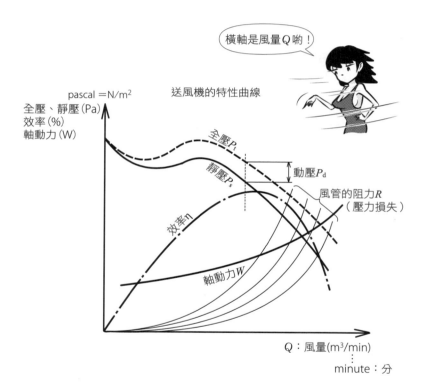

橫軸是風量Q喲！

pascal ＝N/m²
全壓、靜壓(Pa)
效率(%)
軸動力(W)

送風機的特性曲線

全壓P_t

靜壓P_s

動壓P_d

風管的阻力R
（壓力損失）

效率η

軸動力W

Q：風量(m³/min)

minute：分

··

答案 ▶ ○

Q 不改變風管，將所連接的送風機扇葉的旋轉數增加為2倍，送風機的軸動力也會是2倍。

....

A 軸動力是指旋轉的能量，單位為 W（watt：瓦特）。送風機的旋轉數 N，與風量 Q、全壓 P_t、軸動力 W 之間的關係為 Q 與 N 成正比、P_t 與 N^2 成正比、W 與 N^3 成正比。這稱為送風機的比例法則。N 為 2 倍時，W 為 $2^3 = 8$ 倍（答案是 ╳）。

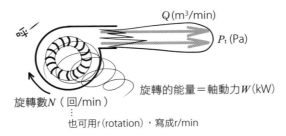

Q(m³/min)

P_t (Pa)

旋轉的能量＝軸動力 W(kW)

旋轉數 N（回/min）

也可用 r (rotation)，寫成 r/min

正比		N為2倍時	N為3倍時
風量　　…$Q \propto N$…旋轉數		Q為2倍	Q為3倍
全壓　　…$P_t \propto N^2$		P_t為4倍	P_t為9倍
軸動力…$W \propto N^3$		W為8倍	W為27倍

流量 v 與旋轉數 N 成正比
因此，
$Q : P : W = N : N^2 : N^3 = v : v^2 : v^3$

....

答案 ▶ ╳

Q 送風機的效率η，是表示軸動力有多少％成為風的作功能量之意，有靜壓效率、全壓效率等。

··

A 送風機的<u>效率η是以（風的作功能量）/（軸動力）</u>來計算，表示旋轉的能量有多少轉換成風壓力的能量。若$\eta = 60\%$，就表示軸動力的60%都變成風壓力的能量（答案是○）。

> ─ Point ────────────────────────
>
> $$送風機的效率\eta = \frac{風的作功能量}{軸動力}\left(\frac{風壓力的能量}{旋轉的能量}\right)(\%)$$
>
> 表示軸動力有多少比例變成風的能量
>
> ────────────────────────────────

<u>功</u>與能量幾乎同義，由<u>力 × 距離</u>得出。用F(N)的力移動x(m)，就是做了$F \times x$(N·m＝J)的功，使用了$F \times x$(J)的能量。能量就是作功的能力。

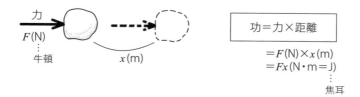

力
F(N)
牛頓
x(m)

功＝力×距離
＝F(N)×x(m)
＝Fx(N·m＝J)
焦耳

力F(N)均等作用在面積A(m^2)時，力F的效果在每1m^2，等於有F/A(N/m^2＝Pa)的壓力作用。

$F \longrightarrow$ $= P = \dfrac{F}{A}$

面積A(m^2)

壓力＝$\dfrac{力}{面積}$ (N/m^2＝Pa)

$= \dfrac{F}{A}$ (Pa)

考量壓力 P 作用在 $A(\mathrm{m}^2)$ 的面上往右推 $x(\mathrm{m})$ 所作的功，功＝力×距離＝$F \times x = (PA) \times x = P \times (Ax) = P\Delta V$。若以壓力 P 推 ΔV 的空氣，此時的功，或說空氣所持有的能量，就是 $P\Delta V$。

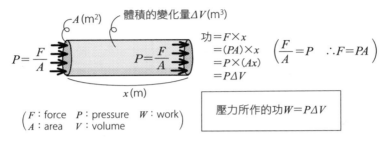

在風管中，風量 $Q(\mathrm{m}^3/\mathrm{min})$ 的空氣移動時，由於1分鐘為 $Q\mathrm{m}^3$，等於1秒有 $Q/60\mathrm{m}^3$。每秒的體積變化量 $\Delta V = Q/60(\mathrm{m}^3/\mathrm{s})$。

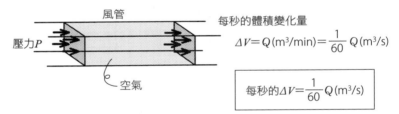

此時空氣的功（空氣持有的能量），就是 $P\Delta V = P \cdot \dfrac{1}{60}(Q)$。單位為 $\mathrm{N/m}^2 \times \mathrm{m}^3/\mathrm{s} = \mathrm{N \cdot m/s} = \mathrm{J/s} = \mathrm{W}$。空氣每秒所作的功再除以軸動力，可以得到效率。$P$ 有靜壓 P_s、全壓 P_t。

靜壓 P_s 的風壓能量 $= P_s \times \overbrace{\left(\dfrac{1}{60}Q\right)}^{\text{每秒的}\Delta V}$ $\qquad \left(\dfrac{\mathrm{N}}{\mathrm{m}^2} \times \dfrac{\mathrm{m}^3}{\mathrm{s}} = \dfrac{\mathrm{N \cdot m}}{\mathrm{s}} = \dfrac{\mathrm{J}}{\mathrm{s}} = \mathrm{W}\right)$

因此，靜壓的效率 $= \dfrac{P_s \times \left(\dfrac{1}{60}Q\right)\,(\mathrm{W})}{\text{軸動力}(\mathrm{W})}$ （%）

同理，全壓的效率 $= \dfrac{P_t \times \left(\dfrac{1}{60}Q\right)\,(\mathrm{W})}{\text{軸動力}(\mathrm{W})}$ （%）

若為 kW，分子相應以 kW 表示

答案 ▶ ○

4
風管與送風

Q 自來水的直壓直結式，必須在建築物內設置揚水泵浦。

· ·

A 直接與埋設在道路下的公共自來水幹管連結，直接以壓力供給建築物內用水的方式，稱為自來水直壓直結式。中間不需要設置泵浦（答案是×）。使用泵浦增壓的方式，稱為自來水增壓直結式。

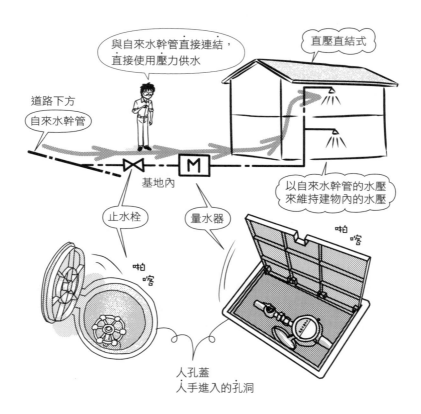

· ·

　　　　　　　　　　　　　　　　　　　　　　　　　　　答案 ▶ ×

Q 在自來水的給水引水管設置增壓供水設備，與之直接連結的自來水增壓直結式，可以利用自來水幹管的水壓，預期有節能的效果。

....

A 建物若為三、四層樓高，或有兩三戶同時使用水龍頭的數量較多時，自來水直壓直結式會有水壓不足的情況。此時需要設置泵浦等增壓裝置進行增壓。這就是<u>自來水增壓直結式</u>。相較於將水暫時儲存在受水槽，多利用幹管水壓，泵浦的水壓就可以減少，達到節能的效果（答案是○）。

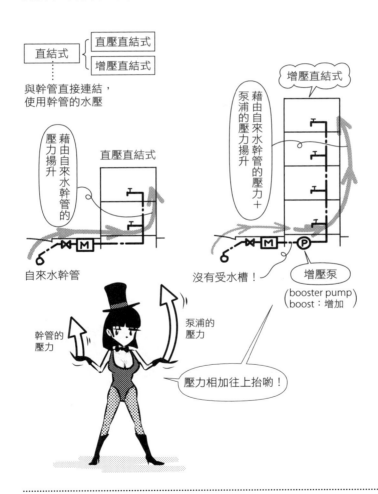

直結式 ─┬─ 直壓直結式
        └─ 增壓直結式

與幹管直接連結，
使用幹管的水壓

藉由自來水幹管的壓力揚升

直壓直結式

自來水幹管

增壓直結式

藉由自來水幹管的壓力＋泵浦的壓力揚升

沒有受水槽！

增壓泵
(booster pump)
(boost：增加)

幹管的壓力

泵浦的壓力

壓力相加往上抬喲！

5

供水設備

....

答案 ▶ ○

Q 相較於自來水增壓直結式，自來水直壓直結式的設備費較便宜，容易維護管理。

....

A 水龍頭（蛇口）與自來水幹管直接連結，中間沒有夾著受水槽或增壓泵等設備，藉由幹管的水壓來維持水龍頭的水壓，就是自來水直壓直結式。這種方式最簡便，設備費便宜，不必擔心機械故障問題，也不需要費心維護（答案是○）。單戶的住宅或小規模的兩層樓公寓，在幹管水壓不會被削弱的前提下，可以採用自來水直壓直結式。

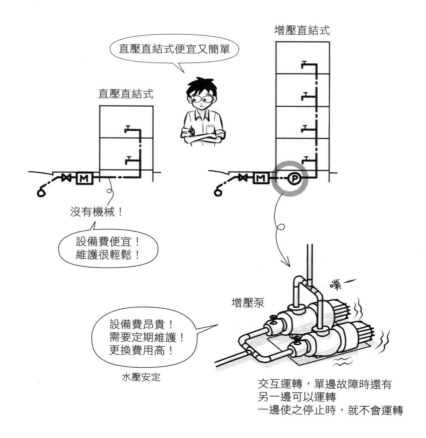

增壓直結式

直壓直結式便宜又簡單

直壓直結式

沒有機械！

設備費便宜！
維護很輕鬆！

設備費昂貴！
需要定期維護！
更換費用高！

水壓安定

增壓泵

喋一

交互運轉，單邊故障時還有
另一邊可以運轉
一邊使之停止時，就不會運轉

....

答案 ▶ ○

Q 相較於自來水增壓直結式，使用受水槽的引水管管徑較大。

....

A 三樓以上樓層的水龍頭，自來水幹管的水壓較低，而有許多住戶的集合住宅經常同時且大量使用自來水，此時需要暫時儲水的<u>受水槽</u>。運往受水槽的水壓不需要太大，因此從幹管連接的引水管可以比自來水增壓直結式的管線細（答案是✕）。

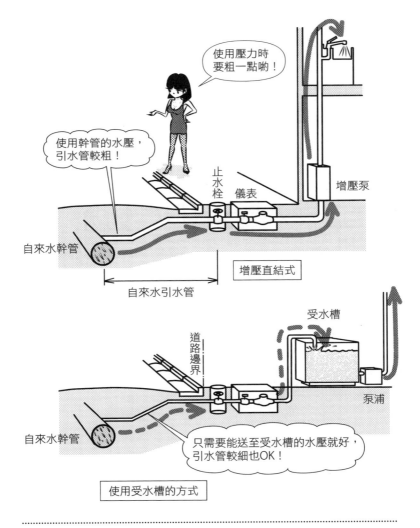

使用壓力時要粗一點喲！

使用幹管的水壓，引水管較粗！

止水栓　儀表

增壓泵

自來水幹管

增壓直結式

自來水引水管

受水槽

道路邊界

自來水幹管

泵浦

只需要能送至受水槽的水壓就好，引水管較細也OK！

使用受水槽的方式

5

供水設備

....

答案 ▶ ✕

Q 高架水槽式是利用揚水泵浦的壓力，直接將水送到建物內所需處所的供水方式。

....

A 使用受水槽的方式有三種，如下圖所示。①高架水槽式是從受水槽將水運到高架水槽，使用重力的供水方式（答案是×）。就算是停電，高架水槽內的水還是可以使用。

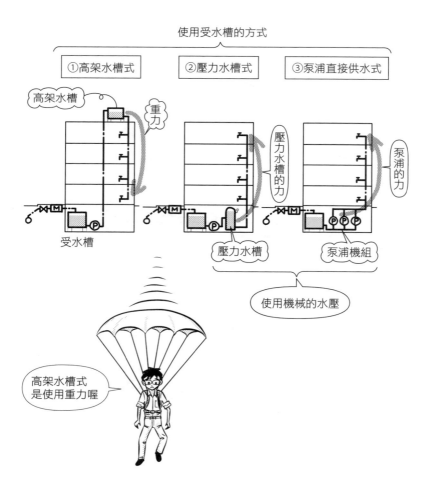

使用受水槽的方式

①高架水槽式　　②壓力水槽式　　③泵浦直接供水式

高架水槽　　重力

受水槽

壓力水槽

泵浦機組

使用機械的水壓

高架水槽式是使用重力喔

....

答案 ▶ ×

Q 高架水槽式的高架水槽，設置的位置必須確保讓建物內最高位置的水龍頭、設備等，可以獲得所需的壓力。

....

A 高架水槽式會使上層的水壓較小，下層的水壓較大。上層的水壓不足時，高架水槽要設置在屋突上或鋼骨鐵架上，設法讓高差變大（答案是○）。另一方面，若為下層水壓過高的高層建築，中間樓層也要設置水槽，或是裝設減壓閥等設備。

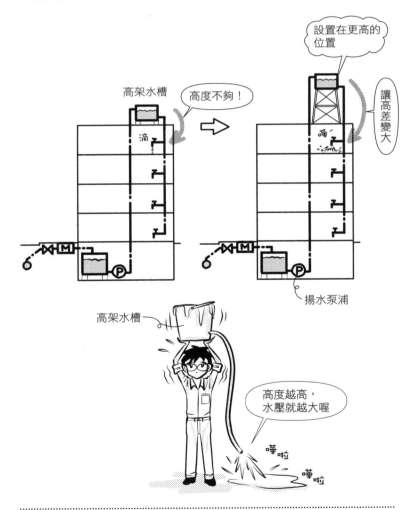

....

答案 ▶ ○

5

供水設備

Q 高架水槽式中，從揚水泵浦到高架水槽的橫向配管過長時，會選擇在低樓層設置橫向配管。

A 橫向配管若設置在高處，容易產生水錘效應，因此要設置在低處（答案是○）。

橫向配管若設置在高處，如下圖所示，泵浦停止的瞬間水會從縱管向下掉，橫管的水繼續往前進。此時真空狀態的低壓讓水蒸發，低壓蒸氣會把水捲回來，造成水錘效應。這稱為<u>水柱分離</u>。

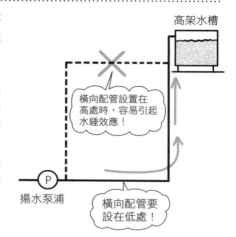

高架水槽

橫向配管設置在高處時，容易引起水錘效應！

揚水泵浦

橫向配管要設在低處！

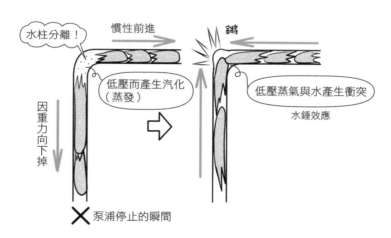

水柱分離！

慣性前進

低壓而產生汽化（蒸發）

因重力向下掉

低壓蒸氣與水產生衝突

水錘效應

✕ 泵浦停止的瞬間

● 水柱也可以使用壓力的單位。10m（水柱）是將水揚升至10m高度的壓力（1大氣壓）。水柱分離的「水柱」，如字面所示，是水的柱子之意。

答案 ▶ ○

Q 相較於高架水槽式，壓力水槽式的供水壓力變動較大。

....

A

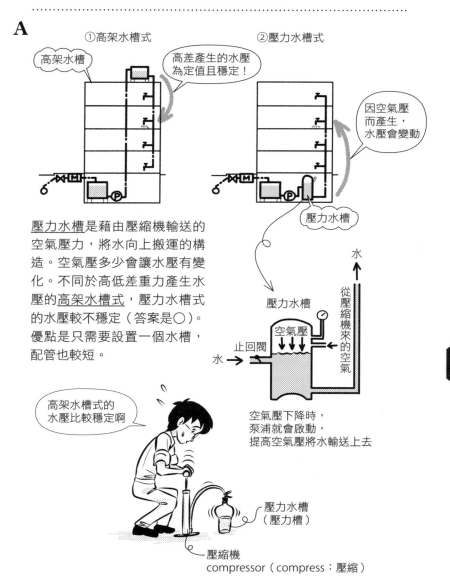

①高架水槽式

高架水槽

高差產生的水壓為定值且穩定！

②壓力水槽式

因空氣壓而產生，水壓會變動

壓力水槽

壓力水槽是藉由壓縮機輸送的空氣壓力，將水向上搬運的構造。空氣壓多少會讓水壓有變化。不同於高低差重力產生水壓的高架水槽式，壓力水槽式的水壓較不穩定（答案是○）。優點是只需要設置一個水槽，配管也較短。

壓力水槽

空氣壓

止回閥

水 →

水

從壓縮機來的空氣

空氣壓下降時，泵浦就會啟動，提高空氣壓將水輸送上去

高架水槽式的水壓比較穩定啊

壓力水槽（壓力槽）

壓縮機
compressor（compress：壓縮）

Q 泵浦直送式是設置受水槽，藉由供水泵浦將水輸送至建築物內所需處所的供水方式。

....

A 從受水槽藉由供水泵浦直接送水至水龍頭的方式，稱為泵浦直送式（答案是○）。直接將泵浦與自來水幹管連接的自來水增壓直結式，在同時使用的情況下可能會有水量不足的問題。此外，若使用太多幹管的水，周圍的住家可能發生無法供水的現象。此時可以暫時將水儲存在受水槽。若只有一台泵浦在運作，故障時會完全停止供水。可將兩台以上的泵浦並聯使用，交互運轉。如果只有一台常運作，另一台不用，緊急時刻可能無法正常運作。

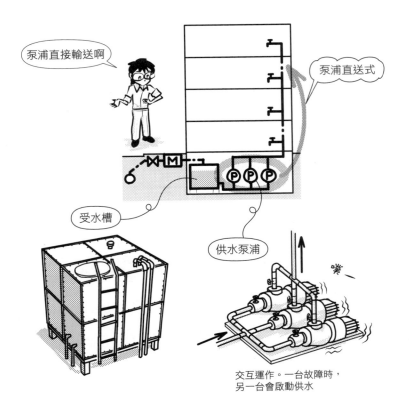

泵浦直接輸送啊

泵浦直送式

受水槽

供水泵浦

交互運作。一台故障時，另一台會啟動供水

....

答案 ▶ ○

本節整理從自來水幹管引至基地內，往建物各處送水的供水方式。

供水方式	水壓穩定性	停電時的供水	設備費、維護
自來水直壓直結式	△ 會受到自來水幹管水壓影響	○ 可能	○ 設備費：便宜 維護：輕鬆
自來水增壓直結式	○ 相當穩定	△ 增壓泵停止時，水壓可能下降	△ 設備費：略昂貴 維護：略微麻煩
高架水槽式 高架水槽 受水槽 揚水泵浦	○ 使用高低差產生的水壓很穩定	△ 只能提供高架水槽內的水	× 設備費：昂貴 維護：麻煩
壓力水槽式 受水槽 壓力水槽	△ 相當穩定。但與高架水槽相比不算穩定	× 壓力水槽不可能運作	× 設備費：略昂貴 維護：麻煩 一個水槽、配管短、空間小
泵浦直送式 受水槽 供水泵浦	△ 相當穩定。但與高架水槽相比不算穩定	× 供水泵浦不可能運作	× 設備費：略昂貴 維護：麻煩 一個水槽、配管短、空間小

5

供水設備

Q 全揚程是由實揚程加上摩擦壓力和出水壓力，為泵浦必需的壓力。

....

A 揚程（head，水頭）是將泵浦的壓力（如下圖所示）以水的高度來
表示的方式。下圖中，實際的高度為實揚程（actual head，實際水
頭），再加上管的摩擦和出水壓力就是全揚程（total head，總水
頭），為泵浦必需的壓力（答案是○）。

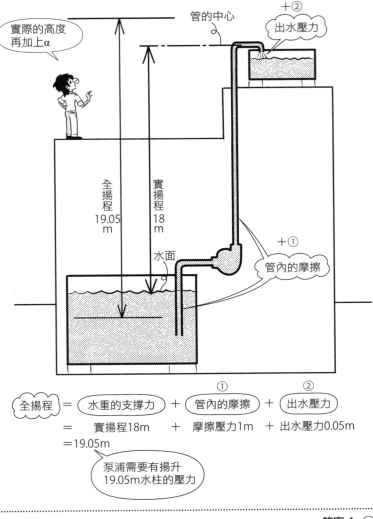

$$全揚程 = 水重的支撐力 + 管內的摩擦① + 出水壓力②$$

$$= 實揚程18m + 摩擦壓力1m + 出水壓力0.05m$$

$$=19.05m$$

泵浦需要有揚升
19.05m水柱的壓力

....

答案 ▶ ○

Q 水的密度為 1000kg/m³，空氣的密度約為 1kg/m³。

....

A 考量水與空氣的質量或重量時，記住比重比較方便。<u>比重是與水相比的重量</u>，水為 1 時的相對值。空氣會因為溫度而有大幅的膨脹、收縮現象，比重為 0.0012～0.0014 左右。比重加上單位時，<u>g/cm³與 t/m³為相同數值</u>，相當簡單。水的比重為 1，1g/cm³＝1t/m³＝1000kg/m³。另一方面，空氣的比重約為 1/1000，0.001g/cm³＝0.001t/m³＝約 1kg/m³（答案是○）。考量風管送風或供水泵浦所施加的壓力時，水的重量極為巨大，泵浦與風扇的壓力截然不同。

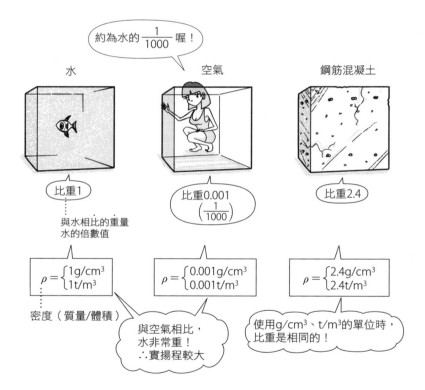

5

供水設備

● 質量是物體運動的難易度，單位為 g、kg、t。重量則是地球的引力，單位為 gf、kgf、tf、N。

....

答案 ▶ ○

Q 高度 H(m) 的水柱壓力，在水的密度為 ρ(kg/m³)、重力加速度為 g(m/s²) 的情況下，為 $\rho g H$(Pa)。

A 高度 Hm 的水柱壓力，可以直接以高度 H(m 水柱) 表示，或是寫成 H(mAq)。Aq 是 Aqua 的縮寫。可以換算成常用的 Pa＝N/m²。加入密度 ρ 與重力加速度 g（gravity：重力）的公式，在解說設備的書籍裡經常出現，這裡記下來吧。以水柱的斷面積 A(m²) 計算時，最後會除以 A，因此計算斷面的每 1m² 時，H(m 水柱) 的壓力就是 $\rho g H$(Pa)（答案是○）。

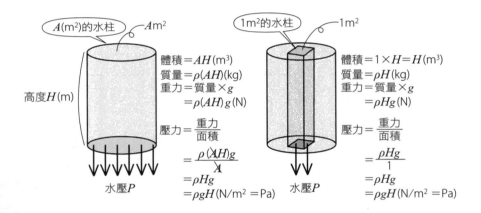

• 大氣壓作用在水柱的上下方，互相抵銷，最後就是水重產生的水壓。

Q 將 P(Pa) 的水壓整理成 H(m)（水柱）的單位，在水的密度為 ρ(kg/m³)、重力加速度為 g(m/s²) 的情況下，為 $P/(\rho g)$(Pa)。

....

A 考量泵浦時，將水揚升的高度（實揚程）所造成的水壓很大，高度經常直接拿來作為單位使用，常為 m（水柱）。由前項的公式 $P=\rho gH$ 可解出 $H=P/(\rho g)$（答案是○）。習慣這樣的換算後，就可以很輕鬆地閱讀關於設備的解說或資料。

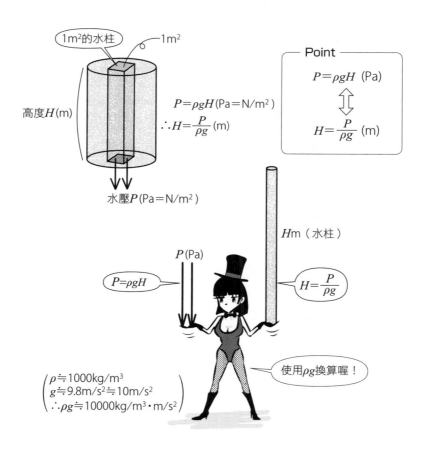

Q 將水揚升10m高度的壓力為100kPa。

....

A <u>水的比重為1，每1cm^{2}為1g，每1m^{3}為1t＝1000kg</u>。比重是與水相
比的重量，而水本身是1。10m的水柱，底面積為1m^{2}時，重量是
10000kg，重力是100000N，壓力就是100000N/m^2＝100000Pa＝
100kPa（答案是○）。

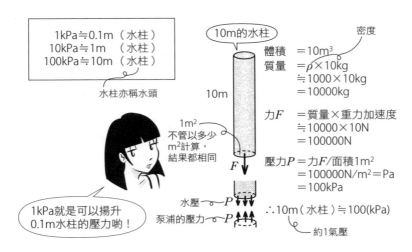

1kPa≒0.1m（水柱）
10kPa≒1m　（水柱）
100kPa≒10m（水柱）

水柱亦稱水頭

10m的水柱

密度

體積　＝10m^3
質量　＝ρ×10kg
　　　≒1000×10kg
　　　＝10000kg

10m

1m^2
不管以多少
m^{2}計算，
結果都相同

力F　＝質量×重力加速度
　　　≒10000×10N
　　　＝100000N

壓力P＝力F/面積1m^2
　　　＝100000N/m^2＝Pa
　　　＝100kPa

水壓～P

泵浦的壓力～P

∴10m（水柱）≒100(kPa)

約1氣壓

1kPa就是可以揚升
0.1m水柱的壓力喲！

只要記住將kPa的數字減少一個單位，
再加上m，就是水柱的數值了！

....

● 關於比重，請參見拙作《圖解建築結構入門》。

....

答案 ▶ ○

Q 供水管的直管部分，每單位長度的壓力損失與流速的二次方成正比。

....

A 水流過圓形管時，與管之間產生摩擦抵抗，壓力會降低 ΔP。這個降低的壓力稱為<u>壓力損失</u>、<u>摩擦損失</u>、<u>配管阻力</u>等。ΔP 的公式如下，與 v^2 成正比（答案是○）。與空氣流過風管的壓力損失（參見R097），公式完全相同。

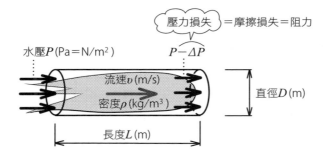

壓力損失＝摩擦損失＝阻力

水壓 P (Pa＝N/m^2)　　　　　$P-\Delta P$

流速 v (m/s)　　　直徑 D (m)
密度 ρ (kg/m^3)

長度 L (m)

水的壓力損失 ΔP

$$\Delta P = \frac{\lambda L}{D} \times P = \frac{\lambda L}{D} \times \left(\frac{1}{2}\rho v^2\right)$$

$\begin{pmatrix} \lambda：管摩擦係數 \\ P：水壓 \\ \rho：水的密度\fallingdotseq 1000kg/m^3 \end{pmatrix}$

ΔP 與 v^2 成正比

v 與流量 Q 之間有 $Av = \dfrac{1}{60}Q$ 的關係，因此 ΔP 也與 Q^2 成正比。

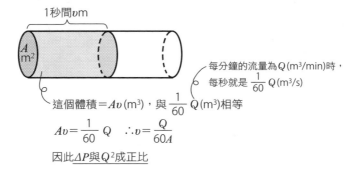

1秒間 v m

A
m^2

每分鐘的流量為 Q (m^3/min)時，每秒就是 $\dfrac{1}{60}Q$ (m^3/s)

這個體積＝ Av (m^3)，與 $\dfrac{1}{60}Q$ (m^3) 相等

$$Av = \frac{1}{60}Q \quad \therefore v = \frac{Q}{60A}$$

<u>因此 ΔP 與 Q^2 成正比</u>

● Δ（delta）表示變化量。ΔP 就是 P 的變化量。

....

答案 ▶ ○

5

供水設備

Q 配管的壓力損失（摩擦損失、配管阻力）與流量的二次方成正比。

....

A 水的流速 v，與1分鐘的流量 Q 之間成正比關係。水管的斷面積若為 A(m²)，1秒流過的體積就是 $A \times v$(m³)。這個數值與 $1/60 \times Q$ 相等，故

$$Av = \frac{1}{60} \times Q \quad \therefore \quad v = \frac{Q}{60A}$$

壓力損失 ΔP 與 v^2 成正比，$\{Q/(60A)\}^2$，也就是與 Q^2 成正比（答案是○）。Q 與 ΔP 的關係如下圖為拋物線。泵浦作用的壓力（全揚程），是水揚升的高度（實揚程）與出水壓力、壓力損失相加而成。

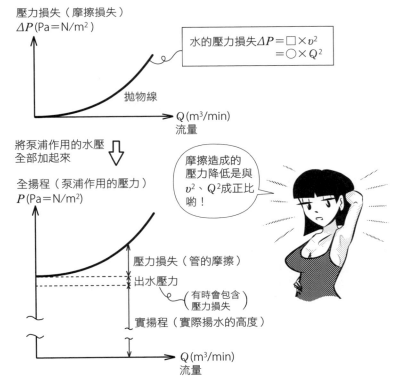

壓力損失（摩擦損失）
ΔP(Pa＝N/m²)

水的壓力損失 $\Delta P = \square \times v^2$
$= \bigcirc \times Q^2$

拋物線

Q(m³/min)
流量

將泵浦作用的水壓全部加起來

全揚程（泵浦作用的壓力）
P(Pa＝N/m²)

摩擦造成的壓力降低是與 v^2、Q^2 成正比喲！

壓力損失（管的摩擦）

出水壓力
（有時會包含壓力損失）

實揚程（實際揚水的高度）

Q(m³/min)
流量

P：pressure。指水的高度（水柱、水頭），常以 H 為符號。
在此與風管送風機的壓力統一以 P 表示。

....

答案 ▶ ○

Q 只要知道流量 Q(m³/min) 與每 1m 的壓力損失 ΔP(Pa/m)，就可以從流量線圖決定配管管徑。

A 如下圖所示，<u>流量線圖</u>是以壓力損失為橫軸、流量為縱軸的圖。中間有數條表示配管的管徑和流速的直線。①從同時使用的設備數等決定流量 Q，②假設壓力損失 ΔP 為 0.5kPa/m，③就可以決定配管管徑（答案是○）。
④將流速 v、壓力損失 ΔP 前後移動，求出最佳位置。以流速 v 快慢適中者為推薦值。

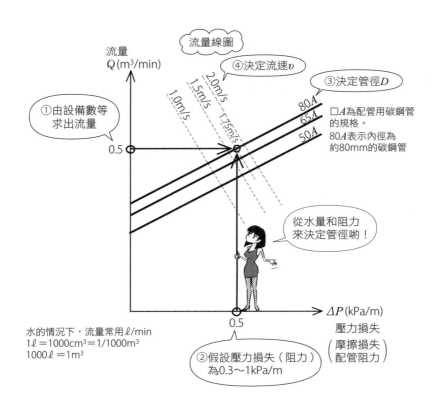

水的情況下，流量常用 ℓ/min
$1\ell=1000cm^3=1/1000m^3$
$1000\ell=1m^3$

5
供水設備

Q 以流量 Q(m³/min) 為橫軸、全揚程 P(Pa) 為縱軸的泵浦特性曲線，是往右下斜、向上凸的曲線。

....

A <u>泵浦的特性曲線</u>（性能曲線、P－Q曲線）與風管送風機的特性曲線（R095）相同，旋緊開關閥（增加水壓）會減少流量，打開（減少水壓）會增加流量。水的揚升高度增加時（提高水壓），流量會減少；高度減少時（降低水壓），流量會增加。泵浦的流量 Q 與泵浦作用的水壓（＝泵浦產生的水壓）P 所組成的圖，表示出泵浦的性能、特性，如下圖是往右下斜、向上凸的曲線（答案是○）。

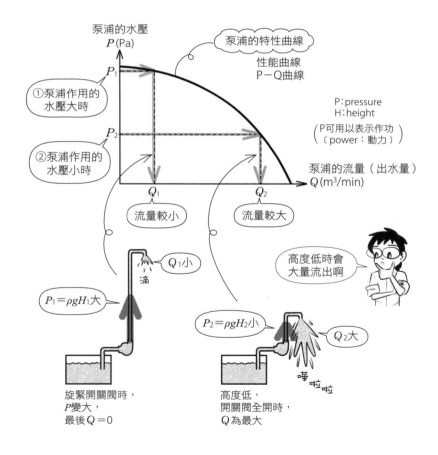

答案 ▶ ○

Q 由配管高度或阻力所決定的全揚程曲線（阻力曲線），與由泵浦性能決定的特性曲線的交點，稱為運轉點。

- -

A 某全揚程（阻力）下決定泵浦運轉時的流量與水壓的點（Q, P），稱為運轉點（operation point）。與風管送風機（R101）相同，由配管的全揚程曲線與泵浦的特性曲線的交點，可以求得該瞬間的運轉點（答案是○）。全揚程（阻力）為 R_0 曲線，旋緊開關閥阻力增加就變成 R_1 曲線，P 上升，Q 下降。打開開關閥阻力減少就變成 R_2 曲線，P 下降，Q 上升。

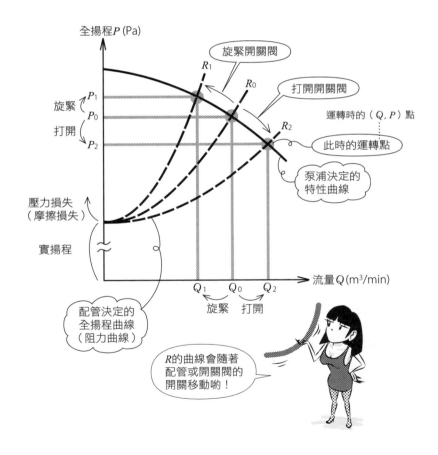

Q 配管高度或阻力所決定的全揚程為定值時，隨著泵浦的改變，運轉點隨之改變。

A 配管不變，開關閥的開關狀態為一定時，全揚程曲線（阻力曲線）為定值。泵浦的特性曲線取決於泵浦的數量。性能越好的泵浦特性曲線，位置越高（答案是○）。與阻力曲線的交點會隨著泵浦性能越好而越往右上方走，不管 P 或 Q 都會變大。當 Q 越來越大超過所需時，旋緊開關閥增加阻力，全揚程曲線會往左偏移。

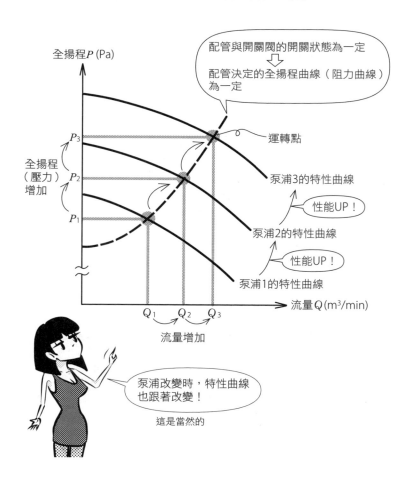

全揚程 P (Pa)

配管與開關閥的開關狀態為一定
⬇
配管決定的全揚程曲線（阻力曲線）為一定

P_3

P_2

P_1

全揚程（壓力）增加

運轉點

泵浦3的特性曲線

性能UP！

泵浦2的特性曲線

性能UP！

泵浦1的特性曲線

流量 Q (m³/min)

Q_1　Q_2　Q_3

流量增加

泵浦改變時，特性曲線也跟著改變！

這是當然的

答案 ▶ ○

Q 相較於旋緊開關閥,變流器使泵浦的旋轉數下降、減少流量,更加節能。

....

A 一般泵浦的交流馬達,不會改變旋轉數,需要如下方圖示,以旋緊開關閥增加阻力來調整流量。裝有變流器的馬達,如下方的上圖可降低旋轉數,水壓下降時特性曲線也下降,就可以調整流量。軸動力與旋轉數的三次方成正比(參見 R130),旋轉數下降時,軸動力下降,消耗電力也跟著下降,可達到節能的效果(答案是○)。

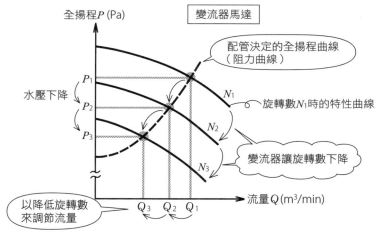

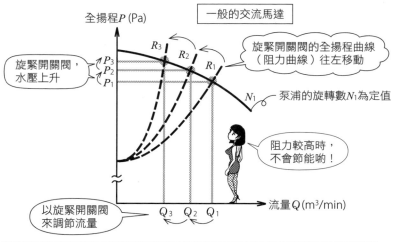

....

答案 ▶ ○

5

供水設備

Q 泵浦的效率是顯示軸動力之中有多少％成為水流能量的數值，以效率為最大時的流量與全揚程運轉最節能。

....

A 泵浦的效率η是顯示軸旋轉的能量、動力之中，有多少成為水的能量的數值。

$$泵浦的效率\eta = \frac{水的能量W}{軸動力} \quad \left(\frac{水的作功能量}{泵浦的旋轉能量} \right)$$

$Q-\eta$ 的圖是往上凸的曲線，η 在某個 Q 點有最大值。若以此運轉，動力可以順利傳給水，達到節能的效果（答案是○）。

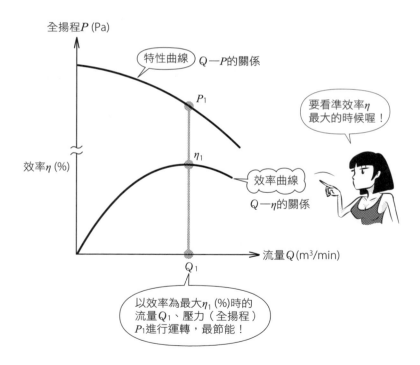

Q 泵浦的軸動力與泵浦流量 Q 和全揚程 P 的乘積成正比。

....

A 把功＝力 × 距離加以變形，成為 (壓力 × 斷面積)× 距離＝壓力 × (斷面積 × 距離)＝壓力 × 體積變化＝ $P \times \Delta V$。每秒為 ΔV 時，功在每秒所作的功＝功率。

每秒的功（率）　　壓力　體積變化

$$\boxed{水壓力所作的功 W = P \times \Delta V}$$

水的能量　　　　　　$= P \times \left(\dfrac{1}{60} Q \right) \cdots Q(\text{m}^3/\text{min}) = \dfrac{1}{60} Q(\text{m}^3/\text{s})$

$\qquad\qquad\qquad\qquad = \dfrac{1}{60} Q \times P \quad$ 每分鐘的流量

泵浦的效率 η，是泵浦的扇葉在每秒所作的功量、旋轉能量之中，有多少成為水壓力的功量、能量的比例。

泵浦的旋轉能量有多少傳給水

$$\boxed{泵浦的效率 \eta = \dfrac{水的能量 W}{軸動力}} \left(\dfrac{水的作功能量}{泵浦的旋轉能量} \right)$$

將上面的公式變形，軸動力＝ W/η。水的能量 W 是水的壓力 × 體積變化＝ $P \times (Q/60)$，因此軸動力＝ $QP/(60\eta)$，可知與 Q 和 P 的乘積成正比（答案是○）。

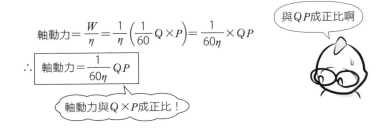

軸動力 $= \dfrac{W}{\eta} = \dfrac{1}{\eta} \left(\dfrac{1}{60} Q \times P \right) = \dfrac{1}{60\eta} \times QP$

$\therefore \boxed{軸動力 = \dfrac{1}{60\eta} QP}$

與 QP 成正比啊

軸動力與 $Q \times P$ 成正比！

....

答案 ▶ ○

5

供水設備

Q 配管不變，泵浦的旋轉數變成2倍時，流量會是2倍，水壓（全揚程）是4倍，軸動力則是8倍。

A

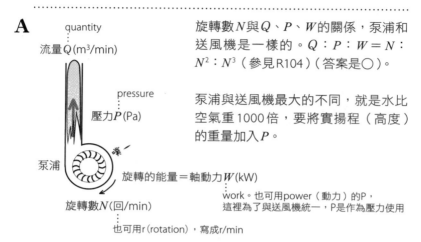

quantity
流量Q(m³/min)

pressure
壓力P(Pa)

泵浦

旋轉的能量＝軸動力W(kW)

work。也可用power（動力）的P，
這裡為了與送風機統一，P是作為壓力使用

旋轉數N(回/min)

也可用r(rotation)，寫成r/min

旋轉數N與Q、P、W的關係，泵浦和送風機是一樣的。$Q:P:W=N:N^2:N^3$（參見R104）（答案是○）。

泵浦與送風機最大的不同，就是水比空氣重1000倍，要將實揚程（高度）的重量加入P。

正比

水量	$\cdots Q \propto N$	旋轉數
全壓	$\cdots P \propto N^2$	
軸動力	$\cdots W \propto N^3$	

N 為2倍時	N 為3倍時
Q 為2倍	Q 為3倍
P 為4倍	P 為9倍
W 為8倍	W 為27倍

流速v與旋轉數N成正比
因此，
$Q:P:W=N:N^2:N^3=v:v^2:v^3$

答案 ▶ ○

流量Q、壓力P、功（能量）W與旋轉數N的關係，泵浦和送風機是相同的。在這裡記下來吧。

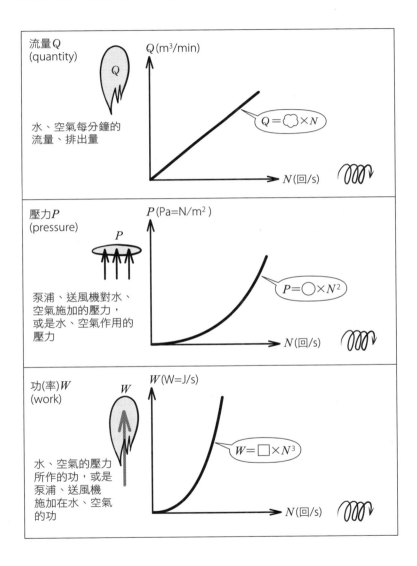

Q 相同性能的兩台泵浦並聯組合，流量會變成一台泵浦時的2倍。

A 即使將兩台泵浦並聯
組合，流量也不會變
成2倍（答案是×）。

就算是並聯，
Q也不會變成2倍
喔！

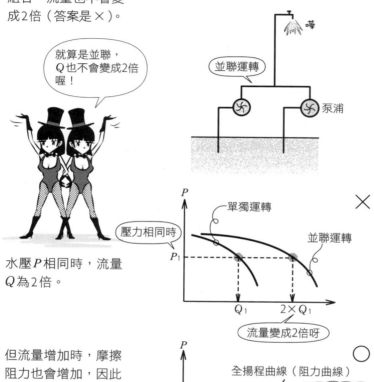

並聯運轉

泵浦

水壓 P 相同時，流量
Q為2倍。

單獨運轉

並聯運轉

壓力相同時

P_1

Q_1　$2 \times Q_1$

流量變成2倍呀

但流量增加時，摩擦
阻力也會增加，因此
流量不會是2倍。

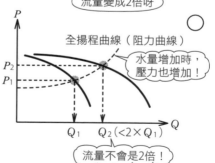

全揚程曲線（阻力曲線）

水量增加時，
壓力也增加！

P_2
P_1

Q_1　$Q_2(<2 \times Q_1)$　Q

流量不會是2倍！

答案 ▶ ×

Q 相同性能的兩台泵浦串聯組合，壓力會變成一台泵浦時的2倍。

....

A 即使將兩台泵浦串聯組合，
壓力也不會變成2倍（答案
是×）。

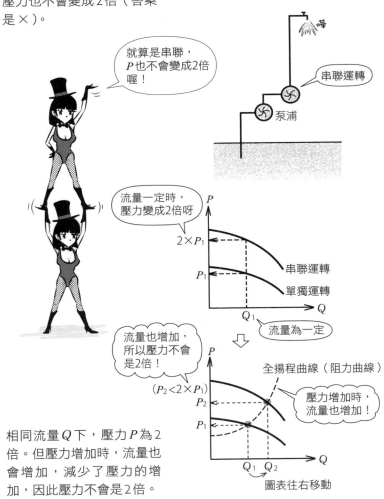

相同流量 Q 下，壓力 P 為2
倍。但壓力增加時，流量也
會增加，減少了壓力的增
加，因此壓力不會是2倍。

5

供水設備

....

答案 ▶ ×

Q 泵浦發生空蝕現象時，會產生振動、噪音、泵浦效率下降，以及發生部位侵蝕等狀況。

A

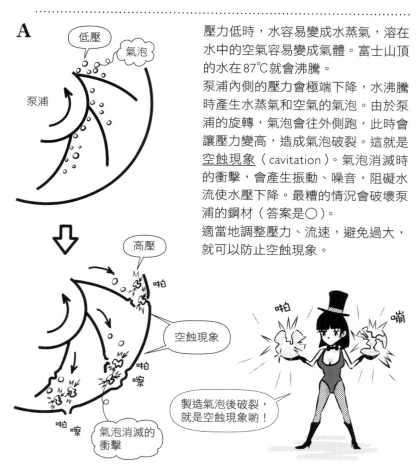

壓力低時，水容易變成水蒸氣，溶在水中的空氣容易變成氣體。富士山頂的水在87℃就會沸騰。

泵浦內側的壓力會極端下降，水沸騰時產生水蒸氣和空氣的氣泡。由於泵浦的旋轉，氣泡會往外側跑，此時會讓壓力變高，造成氣泡破裂。這就是空蝕現象（cavitation）。氣泡消滅時的衝擊，會產生振動、噪音，阻礙水流使水壓下降。最糟的情況會破壞泵浦的鋼材（答案是○）。

適當地調整壓力、流速，避免過大，就可以防止空蝕現象。

cavitate：形成空洞

答案 ▶ ○

Q **1.** 浴室淋浴的必要水壓為70kPa以上。

　　2. 高架水槽式中，高架水槽的低水位與蓮蓬頭最高位置之間的高
　　　　度，必須確保設定在70kPa的最低壓力。

....

A <u>淋浴的最低水壓需要70kPa。</u>
　　高架水槽的重力就是水壓，
　　因此需要確保在7m的高度以
　　上（**1**、**2**是○）。

1kPa＝0.1m
10kPa＝1m
∴70kPa＝7m

⇨ 70kPa

從蓮蓬頭形狀與水管的圓形聯想到70

Q 馬桶沖水閥的必要水壓為70kPa。

....

A 如下圖的沖水閥（flush valve，沖洗閥），使用水壓沖洗，與淋浴一樣需要70kPa以上（答案是○）。

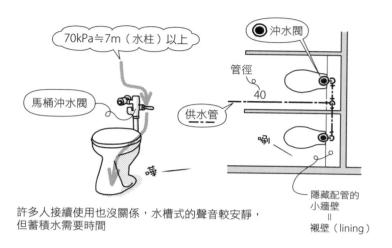

70kPa≒7m（水柱）以上

馬桶沖水閥

沖水閥

管徑
40

供水管

唰

隱藏配管的
小牆壁
＝
襯壁（lining）

許多人接續使用也沒關係，水槽式的聲音較安靜，
但蓄積水需要時間

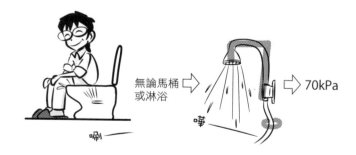

無論馬桶
或淋浴 ⇨ 　　⇨ 70kPa

唰

嘩

....

答案 ▶ ○

Q 廚房和洗手台水龍頭的必要水壓為30kPa。

....

A 一般水龍頭的水壓不需要像淋浴或馬桶沖水閥那麼高，30kPa以上即可（答案是○）。以水槽蓄水的馬桶也一樣，只要水進入水槽即可，30kPa就足夠了。

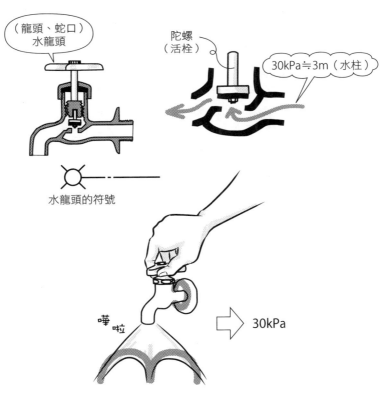

（龍頭、蛇口）
水龍頭

陀螺
（活栓）

30kPa≒3m（水柱）

水龍頭的符號

嘩啦

30kPa

從水的形狀與水管的圓形聯想到30

5

供水設備

....

答案 ▶ ○

Q 獨棟住宅、集合住宅的用水量，平均每人每日為200〜400ℓ/day·人。

A 住宅的平均用水量約<u>200〜400ℓ/day·人</u>（答案是○）。飯店平均用水量較多，約400〜500ℓ/day·人。

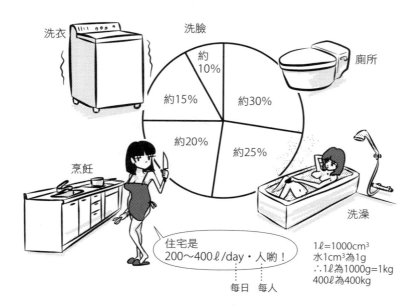

洗衣　　　　　　　洗臉

約10%

約15%　　　約30%　　　廁所

約20%

約25%　　　　洗澡

烹飪

住宅是
200〜400ℓ/day·人喲！

每日　每人

1ℓ=1000cm³
水1cm³為1g
∴1ℓ為1000g=1kg
400ℓ為400kg

家　　　　　　　　　4/0/0　⇨　400ℓ/day·人

從家的山形屋頂與窗戶形狀聯想到400

答案 ▶ ○

Q 辦公室的用水量，平均每人每日為200～400ℓ/day·人。

....

A 辦公室使用的水只有洗手台、廁所、熱水等，約 <u>60～100ℓ/day·人</u>
（答案是 ×）。使用洗澡、烹飪和洗衣等用水的住宅才是 200～
400ℓ/day·人。空調也使用水的情況下，不會用完即丟。

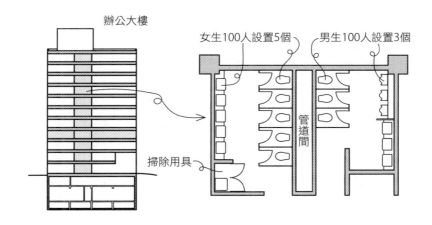

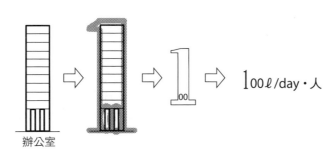

辦公室

從筆直大樓與入口形狀聯想到100

5

供水設備

Q 辦公大樓的供水設備設計，設為工作者每人每日用水量0.1m³。

....

A <u>1m³＝1000ℓ</u>，因此0.1m³＝100ℓ。辦公室的用水量為60～100ℓ /day・人，轉換成m³就是0.06～0.1m³/day・人（答案是○）。這裡記住ℓ與m³的換算吧。

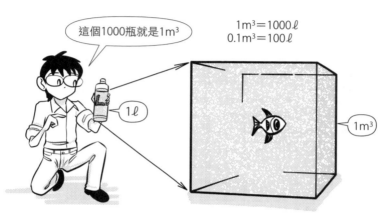

這個1000瓶就是1m³

1m³＝1000ℓ
0.1m³＝100ℓ

1ℓ

1m³

1m³＝100cm×100cm×100cm＝1000000cm³
＝1000ℓ

┌─ Point ──────────────────────────────────┐

關係為1000倍的體積單位

　　　　　　1000倍　　　　　　1000倍

1cm³　⟹　1ℓ　⟹　1m³
（1cc）

└──┘

....

答案 ▶ ○

Q 辦公大樓中，若將供水系統分成飲用水與雜用水，用水量的比例是飲用水 60～70%、雜用水 30～40% 左右。

....

A 辦公大樓的飲水、調理、洗手台等不會用到太多水。<u>飲用水與雜用水的比例</u>為 <u>3：7 左右</u>（答案是 ×）。另一方面，住宅相反，為 <u>7：3 左右</u>。

> 辦公室的用水量

60~70%

30~40%

飲用水……自來水（適合飲用的水質）
　　　　　飲水用、調理用、洗手用

雜用水
：
廁所沖水用、灑水用

> 光在喝水怎麼做好工作啊！

5
供水設備

....

答案 ▶ ×

Q 國小、國中、高中的學生和教職員用水量，平均每人每日為70～100ℓ/day·人。

···

A 國小、國中、高中等學校的平均用水量為<u>70～100ℓ/day·人</u>（答案是○）。

然而，若有使用游泳池，數值會大幅增加。

在學校不會使用太多水喲！

跟辦公室差不多

cc

$$1ℓ = 1000cm^3$$
$$= \frac{1}{1000} \ m^3$$

$$1000g = 1kg$$
$$= \frac{1}{1000} \ t$$

<u>學校的考試</u>
為<u>～100分</u> ⇨ <u>～100ℓ/day·人</u>

···

答案 ▶ ○

Q 醫院的用水量，平均每日每個病床為 1500～3500ℓ/day·床。

A 醫院的平均用水量為 1500～3500ℓ/day·床（答案是○）。中小規模的醫院則是 600～800ℓ/day·床左右，根據設備內容而大幅變動。

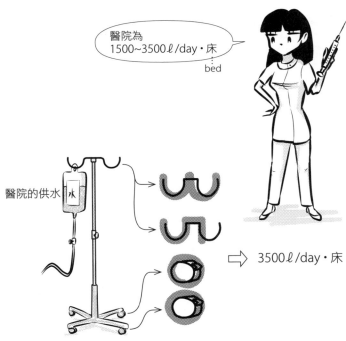

醫院為
1500~3500ℓ/day·床
bed

醫院的供水

⇨ 3500ℓ/day·床

從點滴架的彎鉤與腳輪形狀聯想到3500

5

供水設備

答案 ▶ ○

本節將每日平均用水量從最少開始依序排列。記住約略是這樣的基準。體積的單位是 ℓ。

每日平均用水量

辦公室	60～100ℓ/day・人	100ℓ/day・人
學校	70～100ℓ/day・人	學校的考試為～100分 ⇨～100ℓ/day・人
住宅	200～400ℓ/day・人	⇨ 400ℓ/day・人
飯店	400～500ℓ/day・人	住宅　飯店　400ℓ/day・人　飯店用水量比住宅多，依據不同類型也有到1000ℓ/day・人
醫院	1500～3500ℓ/day・床	⇨ 3500ℓ/day・床

Q 集合住宅的飲用水受水槽容量，是每日預定供水量的50%左右。

....

A 考量有10間套房的三層樓公寓，以泵浦直送式（參見R114）供水的情況。住宅每人每日使用200～400ℓ的水。若是每天早上有較多女性使用淋浴的公寓，以400ℓ/day·人來計算。每日的使用量為4000ℓ＝4m³。受水槽若儲存4m³，水恐怕會沉積敗壞。因此，受水槽容量是每日用水量的一半左右，也就是使用2m³的受水槽（答案是○）。

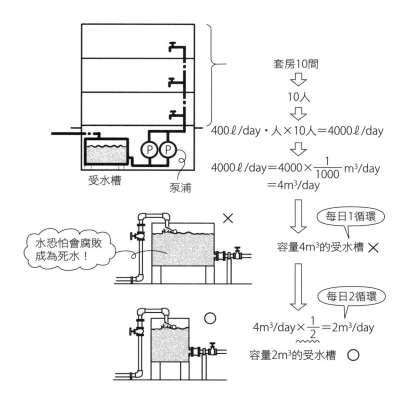

套房10間
⇩
10人
⇩
400ℓ/day·人×10人＝4000ℓ/day
⇩
$4000ℓ/day＝4000×\frac{1}{1000}m³/day$
$＝4m³/day$
⇩

每日1循環

容量4m³的受水槽 ╳
⇩

每日2循環

$4m³/day×\frac{1}{2}＝2m³/day$

容量2m³的受水槽 ○

受水槽　　泵浦

水恐怕會腐敗成為死水！ ╳

○

....

答案 ▶ ○

Q 從自來水水龍頭提供的飲用水，必須含有一定數值以上的餘氯。

....

A 沒有餘氯（residual chlorine，殘留氯）是很危險的事。水必須是流動狀態，沒有餘氯就會成為死水（答案是○）。受水槽、高架水槽的容量要小一點，並且注意供水管末端無法流動的水。

不斷流動的話，GOOD！

一直不動的話，BAD！

死水

次氯酸鈉NaClO ⇨ 傷寒桿菌、大腸桿菌、葡萄球菌、沙門氏桿菌等的殺菌

0.1mg/ℓ 以上

$$0.1mg/1000g = 0.1 \times \frac{1}{1000} \times \frac{1}{1000} \cdots g \div g$$實際上沒有單位，只剩下比

$$= 0.1ppm 以上$$
100萬分之1

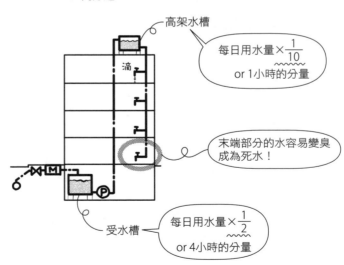

高架水槽

滴

每日用水量$\times\frac{1}{10}$

or 1小時的分量

末端部分的水容易變臭成為死水！

每日用水量$\times\frac{1}{2}$

or 4小時的分量

受水槽

....

答案 ▶ ○

Q 受水槽的材質有FRP（玻璃纖維強化塑膠）、不鏽鋼、鋼板、木材等，因應使用目的和使用方法來選擇。

A 受水槽的支架考量強度，幾乎都是鋼製的，面板部分則有很多選擇。其中較常使用的是價格便宜的FRP製；出乎意料的是，也有不少木製受水槽，羽田機場第二航廈就設置了巨大的木製受水槽（答案是○）。

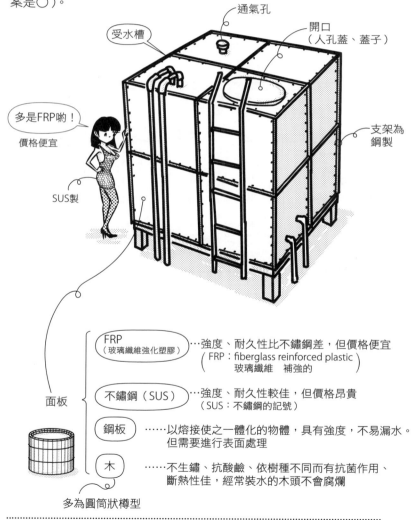

通氣孔

受水槽

開口
（人孔蓋、蓋子）

多是FRP喲！
價格便宜

支架為
鋼製

SUS製

FRP
（玻璃纖維強化塑膠）⋯強度、耐久性比不鏽鋼差，但價格便宜
（ FRP：fiberglass reinforced plastic
　　玻璃纖維　補強的 ）

面板

不鏽鋼（SUS）⋯強度、耐久性較佳，但價格昂貴
（ SUS：不鏽鋼的記號 ）

鋼板⋯⋯以熔接使之一體化的物體，具有強度，不易漏水。
　　　　但需要進行表面處理

木⋯⋯不生鏽、抗酸鹼、依樹種不同而有抗菌作用、
　　　斷熱性佳，經常裝水的木頭不會腐爛

多為圓筒狀樽型

5

供水設備

答案 ▶ ○

Q 作為受水槽的檢查空間，需要確保上方有100cm、側面和下方各 60cm的空間。

....

A 受水槽周圍的檢查空間，<u>上方為100cm以上</u>、<u>側面和下方各60cm 以上</u>（答案是○）。上方較寬廣是因為有開口（人孔蓋），打開時需要一定的空間。要注意「上方為60cm」是×。

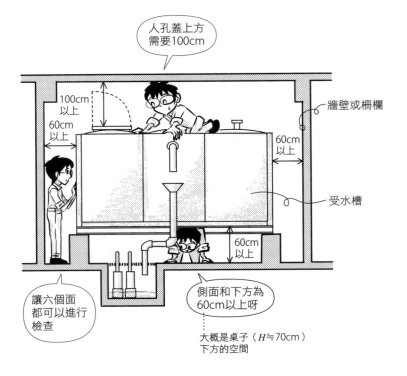

人孔蓋上方
需要100cm

100cm
以上

60cm
以上

牆壁或柵欄

60cm
以上

受水槽

60cm
以上

讓六個面
都可以進行
檢查

側面和下方為
60cm以上呀

大概是桌子（$H \fallingdotseq 70cm$）
下方的空間

....

答案 ▶ ○

Q 受水槽的溢流管和疏水管等，為了防止蟲入侵和臭氣逆流，會設置
閥，再直接連接至排水管。

....

A 受水槽的溢流管、疏水管，不會直接連接排水管進行<u>直接排水</u>，而
是留有<u>排水口空間</u>，再流至排水管的<u>間接排水</u>（答案是 ×）。若是
直接排水，恐怕會產生受污染的排水逆流回受水槽的現象。防止臭
氣逸散的<u>閥</u>，設置在排水口空間的下方。與排水口空間類似的設
置，還有<u>吐水口（出水口）空間</u>。

浮球水栓（ball tap）
（浮球閥〔float valve〕）

溢流管……為了將水位控制在
（溢水管）　一定位置而設置

間接排水

讓水不會逆流
回到槽內

吐水口空間
是為了防止
逆流回到
供水側喲！

吐水口空間

溢流緣

吐水口空間

嘩
嘩

排水口空間

閥設置在此處之前

溢流緣

....

答案 ▶ ×

Q 飲用水受水槽不能以建物結構體來兼用，但滅火用水槽可以利用建物結構體來設置。

A 飲用水受水槽不能利用結構體本身，會有水質污染的危險（答案是○）。應該設置獨立的受水槽，並在水槽與結構體之間留設六面檢查所需的空間。若是雜用水、消防用水的水槽，則是可以與結構體結合。這裡的結構體是指由鋼筋混凝土建造，具有柱、梁、地板、牆壁等的構造體。

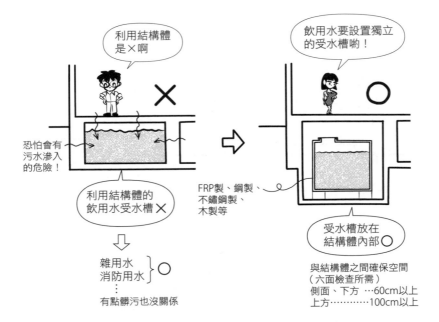

利用結構體是×啊

飲用水要設置獨立的受水槽喲！

恐怕會有污水滲入的危險！

利用結構體的飲用水受水槽×

FRP製、鋼製、不鏽鋼製、木製等

受水槽放在結構體內部○

雜用水
消防用水 ...}○

有點髒污也沒關係

與結構體之間確保空間（六面檢查所需）
側面、下方 …60cm以上
上方…………100cm以上

Q 飲用水系統的配管，若有設置止水閥與止回閥，就可以連接至井水系統的配管。

....

A 井水與自來水不能直接連接（答案是×）。自來水系統的配管設備與其他配管設備連接，在公共衛生上有很大的風險，因此日本建築基準法明文禁止（日本建築基準法施行令129-2-5）。

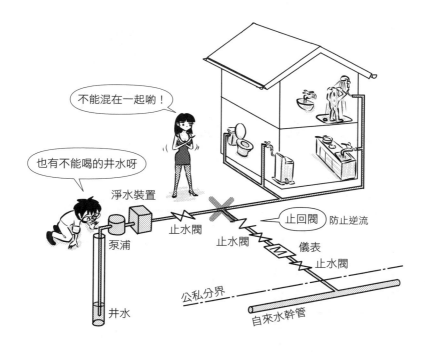

供水設備

Q 交叉連接是指將飲用水的供水和熱水供水系統與其他的系統，以配管或裝置直接連接在一起。

A 供水、熱水供水（自來水）與其他系統直接連接時，稱為<u>交叉連接</u>（cross connection，混合配管）（答案是○）。在衛生上非常危險，法令明文禁止。

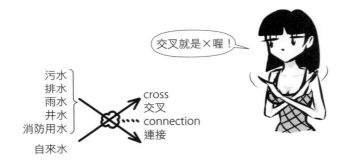

交叉就是×喔！

污水
排水
雨水
井水
消防用水

自來水

cross
交叉
connection
連接

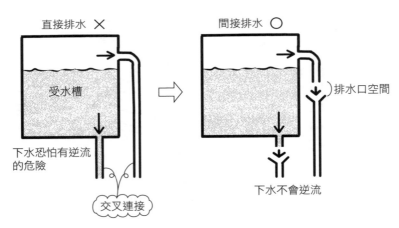

直接排水 ✕

受水槽

下水恐怕有逆流
的危險

交叉連接

間接排水 ○

排水口空間

下水不會逆流

答案 ▶ ○

Q 真空斷路器是為了防止排出的水因倒虹吸作用逆流回供水管而設置的裝置。

....

A <u>倒虹吸（inverted siphon）作用是由於負壓（比大氣壓力低）的空氣將水吸入，產生逆流的現象</u>。<u>真空斷路器（vacuum breaker）的英文直譯是破壞真空的機器</u>，發生負壓時，會吸進空氣恢復成大氣壓力，讓流動更加順暢（答案是○）。

虹吸作用是指高處的水通過充滿水的倒U型管（虹吸管），往低處流動的現象。

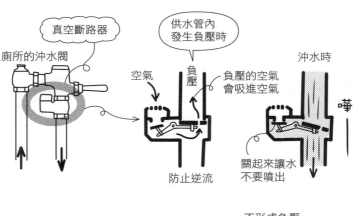

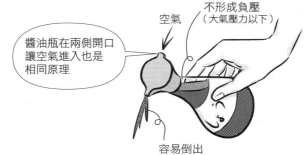

Q 1. 為了防止發生水錘現象，管內流速要快一點。
　　2. 供水壓力太高時，供水管內流速變快，容易發生水錘現象。

....

A 單槍水龍頭（一個栓控制冷熱水的水龍頭）或洗衣機的自動閥等，
水流會突然停止。此時水壓急速上升（水錘壓），撞擊到管的彎曲
部分而產生聲響。這就是所謂的水錘現象，造成水管損傷或漏水。
為了防止水錘現象，可以透過抑制水壓、管徑加粗，讓流速減弱，
或是裝設水錘吸收器（water hammer arrestor）來吸收上升的水壓
（**1**是×，**2**是○）。水錘吸收器是藉由氣室（有空氣的小空間）或
風箱等吸收水壓。

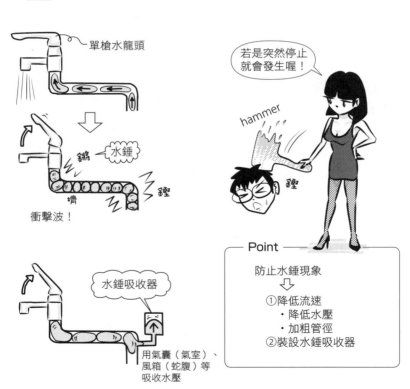

單槍水龍頭

水錘

鏘

擋

鏟

衝擊波！

若是突然停止
就會發生喔！

hammer

鏟

水錘吸收器

用氣囊（氣室）、
風箱（蛇腹）等
吸收水壓

Point
防止水錘現象
⇩
①降低流速
　・降低水壓
　・加粗管徑
②裝設水錘吸收器

答案 ▶ 1. ×　2. ○

Q 從主要管線分歧至各設備進行配管的供水配管方式，稱為先分歧式。

A 從一根主要管線分歧連接至各設備，就是<u>先分歧式</u>（答案是○）。

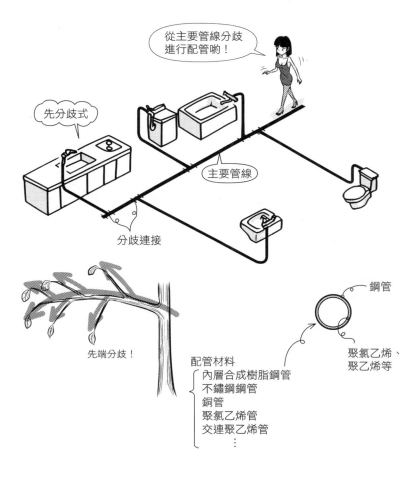

從主要管線分歧進行配管喲！

先分歧式

主要管線

分歧連接

先端分歧！

配管材料
內層合成樹脂鋼管
不鏽鋼鋼管
銅管
聚氯乙烯管
交連聚乙烯管
：

鋼管

聚氯乙烯、聚乙烯等

5

供水設備

答案 ▶ ○

Q 集管器式是從集管器分歧至各設備，個別進行配管的供水配管方式。

A 如下圖所示，從集管器（header，分配的主要管線）到各設備，各自分別有引管，就是<u>集管器式</u>（答案是○）。小空間裡有許多供水器具的住宅，經常使用這種方式。在收納的地板等設置集管器，並在地板開設維修孔，維護很方便。

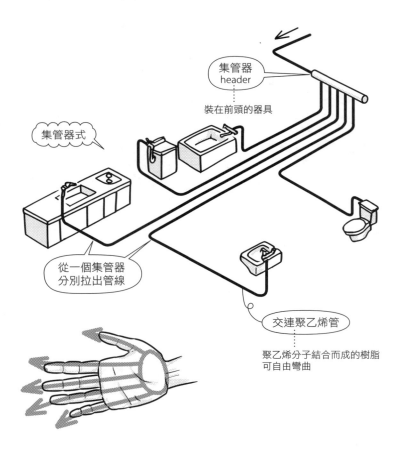

集管器
header

裝在前頭的器具

集管器式

從一個集管器
分別拉出管線

交連聚乙烯管

聚乙烯分子結合而成的樹脂
可自由彎曲

答案 ▶ ○

Q 鞘管集管器式可以在不破壞裝潢的情況下更新配管，經常用於集合
住宅。

A 施工時先設置鞘管（套管），之後再通過供水管的集管器式，稱為
鞘管集管器式。只要將供水管穿過彎曲的鞘管進行連接即可，施工
效率佳。而更換管線時，也只要將供水管抽換成新的就大功告成，
非常輕鬆（答案是○）。

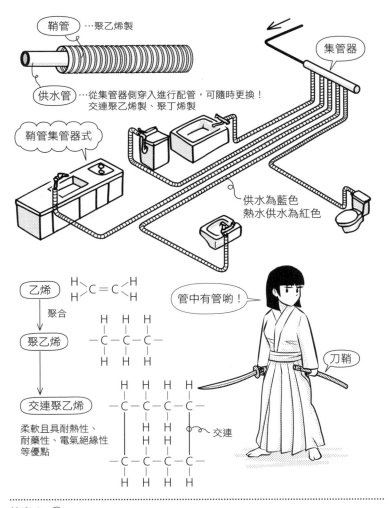

Q 集合住宅各住戶的供排水用橫管，一般是在樓板上方與地板架高材之間進行配管。

··

A 分售型公寓在RC結構體的內側，是區分所有權的範圍。為了讓供排水管的修理可以在自家的地板進行，採用樓板上配管（答案是○）。租賃住宅和公寓也是一樣，不管是RC造（鋼筋混凝土造）、S造（鋼骨造）或SRC造（鋼骨鋼筋混凝土造），一般都是在樓板上配管。在建造結構體階段，就會先設置鞘管集管器式的供水管、熱水供水管，再引入聚氯乙烯管等排水管之後，接著進行內裝的地板和牆壁工程。廁所和套裝衛浴下方的結構體，需要保留污水管斜度的空間和套裝衛浴浴缸下凹的空間，因此會比其他房間來得低。供水管、熱水供水管也可能設置在天花板內。供水、熱水供水需要施加壓力，所以可在天花板裡進行配管。排水是藉由重力流動，只能設置在地板下。

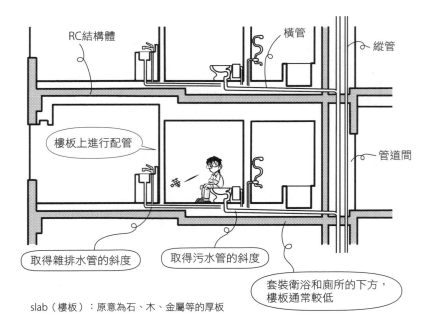

slab（樓板）：原意為石、木、金屬等的厚板

··

答案 ▶ ○

Q 為了防止屋內的供水管結露，可以使用保溫材進行防露被覆。

A 供水管常處於充滿冷水的狀態，可以包覆保溫材防止結露（答案是○）。這稱為<u>防露被覆</u>。熱水供水管為了不讓熱水冷卻，也可以包覆保溫材。

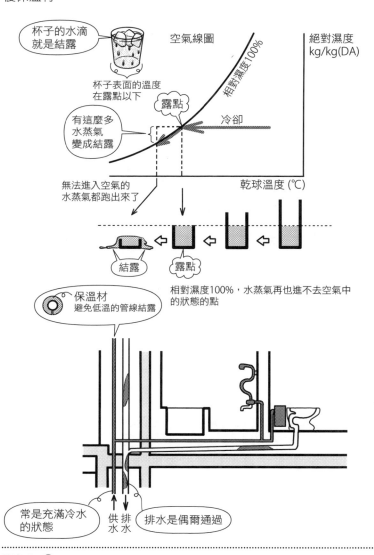

Q 若要作為排水再生水的原水，可以使用洗臉台或洗手台的排水，但不能使用廚房排水。

....

A 只要通過淨化槽，幾乎所有的排水都可以作為飲用之外的水。洗臉、洗手、廚房或廁所的排水，都可以使用（答案是×）。附帶一提，洗臉、廚房、洗澡的排水稱為<u>雜排水</u>，廁所的排水稱為<u>污水</u>。雜排水和污水都可以透過淨化槽，成為<u>排水再生水</u>。雨水通過淨化槽，就成為<u>雨水再生水</u>。

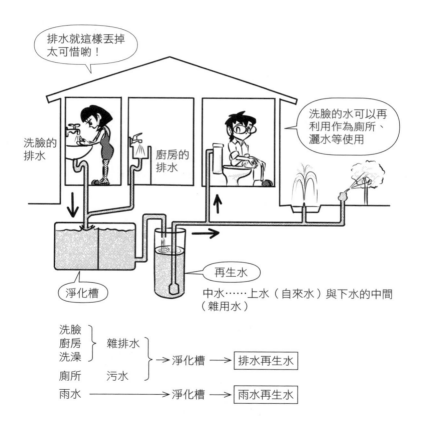

排水就這樣丟掉太可惜喲！

洗臉的排水

廚房的排水

洗臉的水可以再利用作為廁所、灑水等使用

淨化槽

再生水

中水……上水（自來水）與下水的中間（雜用水）

洗臉 ⎱
廚房 ⎰ 雜排水 ⎱
洗澡   ⎰→ 淨化槽 ⟶ 排水再生水
廁所   污水

雨水 ⟶ 淨化槽 ⟶ 雨水再生水

....

答案 ▶ ×

Q 設置節水陀螺的水龍頭，陀螺的底部比普通陀螺大的節水陀螺，可以適度控制開關，讓出水量變少，達到節水的作用。

A 水龍頭（蛇口）的組成如下圖所示，藉由旋轉開關手柄，軸心（主軸，可旋轉的蕊棒）會上下移動，設置在下方的<u>陀螺下半部的襯墊</u>（橡膠），就可以適度調整水量。節水陀螺的底部較寬廣，只要將開關手柄稍微旋轉一點角度，就可以抑制水量（答案是○）。

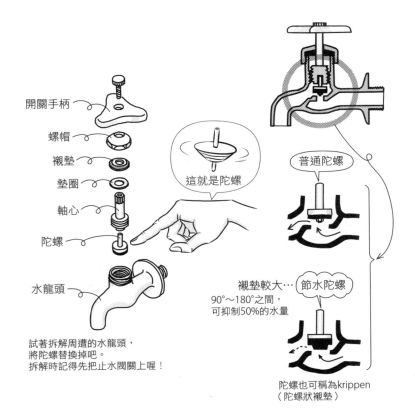

開關手柄

螺帽

襯墊

墊圈

軸心

陀螺

水龍頭

這就是陀螺

普通陀螺

襯墊較大…

節水陀螺

90°～180°之間，可抑制50%的水量

試著拆解周遭的水龍頭，
將陀螺替換掉吧。
拆解時記得先把止水閥關上喔！

陀螺也可稱為krippen
（陀螺狀襯墊）

5

供水設備

答案 ▶ ○

Q 源頭式瓦斯熱水器是將熱水器與供水配管連接，在數個地方供水的方式。

....

A 源頭式瓦斯熱水器是指在器具的源頭，以按鈕控制供水的方式。只能在一個地方供水使用，主要是家庭用（答案是×）。源頭式表示在器具的源頭會有供水栓來控制熱水。

答案 ▶ ×

Q 瓦斯熱水器的供水能力，1號是表示在1分鐘內讓1ℓ的水溫度上升 25℃的能力。

....

A 瓦斯熱水器的<u>號數</u>，表示在1分鐘內讓1ℓ的水溫度上升25℃的能 力。24號是＋25℃的熱水可供給24ℓ/min，適合一個家庭使用； 16號則是16ℓ/min，適合單人使用（答案是○）。

24號是＋25℃
可供給24ℓ/min
喔！

24號
水溫＋25℃的熱水
在1分鐘內可供給
24ℓ

24号

水溫＋25℃
1ℓ×24瓶

....

答案 ▶ ○

Q 城鎮瓦斯的種類是以比重、熱量、燃燒速度的差異來區分。

A 城鎮瓦斯是以 <u>LNG</u>（<u>液化天然氣</u>）的
甲烷為主要成分，根據比重、熱量、燃
燒速度，可以區分為 <u>13A</u>、12A、6A、
5C 等（答案是○）。東京瓦斯使用
13A。此外，<u>LPG</u>（<u>液化石油氣</u>）一般
稱為丙烷，以液體狀態置於桶中供應。

以比重、熱量、
燃燒速度來區分喲！

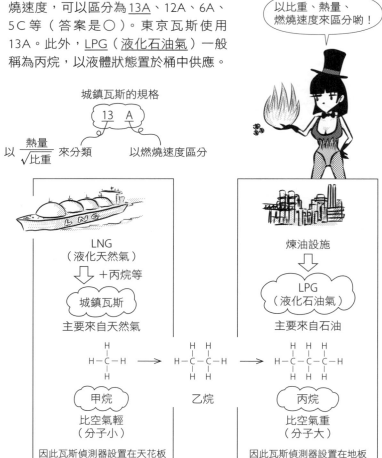

城鎮瓦斯的規格

13　A

以 $\dfrac{熱量}{\sqrt{比重}}$ 來分類　　　以燃燒速度區分

LNG
（液化天然氣）

⬇ ＋丙烷等

城鎮瓦斯

主要來自天然氣

甲烷
比空氣輕
（分子小）

因此瓦斯偵測器設置在天花板

LNG：liquefied natural gas

煉油設施

LPG
（液化石油氣）

主要來自石油

乙烷

丙烷
比空氣重
（分子大）

因此瓦斯偵測器設置在地板

LPG：liquefied petroleum gas

答案 ▶ ○

Q 自然冷媒熱泵熱水器是使用二氧化碳等自然冷媒，從大氣取熱，儲存高溫熱水的裝置，相較於以加熱器沸騰供水的電熱水器，能量效率更高。

....

A 加熱器是將電能直接轉換成熱，效率較差；熱泵則是以電能來輸送熱，效率較高（參見R062，答案是○）。以二氧化碳（CO_2）等的自然冷媒為主流。

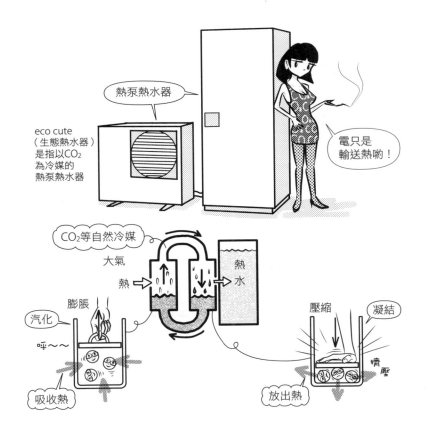

Q 熱水循環泵浦的作用是強制讓熱水進行循環，防止中央熱水設備配管內的熱水溫度下降。

....

A 中央設置一台加熱裝置，向其他地方供給熱水的方式，稱為<u>中央熱水設備</u>。中央供給熱水方式如下圖所示，常在儲熱水槽設置熱水循環泵浦使熱水進行循環，不管何時開水龍頭都會有熱水（答案是○）。高溫的熱水不容易發生嗜肺性退伍軍人菌等情況。

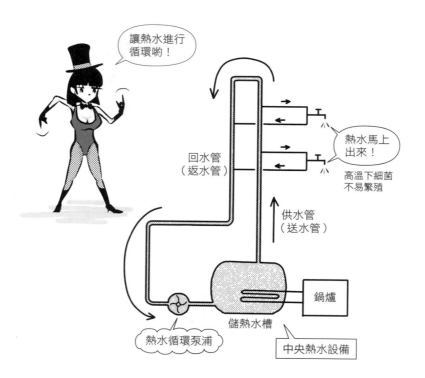

答案 ▶ ○

Q 循環式中央熱水設備的熱水溫度，為了防止嗜肺性退伍軍人菌繁
殖，在儲熱水槽內必須保持60℃以上，末端水龍頭則是55℃以上。

....

A 嗜肺性退伍軍人菌（*Legionella pneumophila*）會在25〜45℃之間繁
殖，60℃以上死亡。因此，須確保儲熱水槽60℃以上、末端水龍
頭為55℃以上（答案是○）。由於美國退伍軍人協會出現許多感染
者和死亡者，因此嗜肺性退伍軍人菌感染症又稱為退伍軍人病。原
因就是出在冷卻塔內的循環水。

6

熱水供水設備

Q 膨脹管是在熱水設備中，讓因熱上升的水壓得到釋放的裝置。

A 水加熱時會膨脹，讓水壓上升。熱水在循環時若施加過多水壓，可能造成配管損壞。此時會如下圖所示，在熱水配管上方設置<u>膨脹管</u>（<u>洩壓管</u>、<u>鬆壓管</u>），釋放過多的水壓（答案是○）。

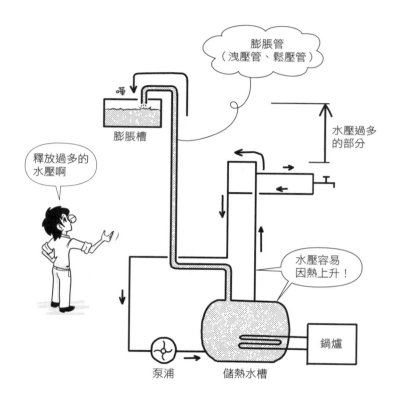

答案 ▶ ○

Q 熱水設備中，與加熱裝置及膨脹槽連接的膨脹管，必須設置止水閥。

- -

A 膨脹管（洩壓管、鬆壓管）若設置止水閥，在關閉的情況下，加熱時的水壓無處宣洩。配管和設備可能因而損壞，因此膨脹管無須設置止水閥（答案是×）。

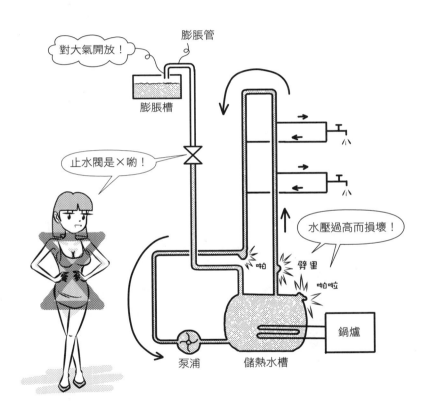

6

熱水供水設備

Q 對大氣封閉的熱水系統，為了釋放過多水壓，需要設置密閉式膨脹槽和洩壓閥等裝置。

A 熱水管若不對大氣開放，而是以封閉迴路設置時，水壓會因熱膨脹而有升高的危險。因此，在封閉迴路的情況下，會如下圖設置<u>密閉式膨脹槽</u>（<u>密閉式膨脹水箱</u>）和<u>洩壓閥</u>（<u>鬆壓閥</u>），讓水壓得以釋放（答案是○）。

封閉時壓力會升高喔！

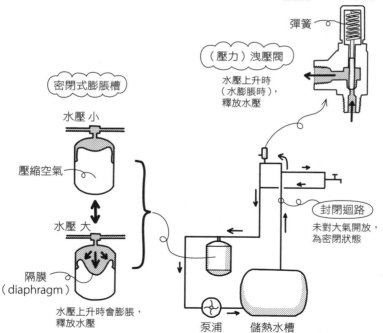

（壓力）洩壓閥

彈簧

水壓上升時（水膨脹時），釋放水壓

密閉式膨脹槽

水壓 小

壓縮空氣

水壓 大

隔膜（diaphragm）

水壓上升時會膨脹，釋放水壓

封閉迴路

未對大氣開放，為密閉狀態

泵浦　　儲熱水槽

答案 ▶ ○

Q 熱水用鍋爐基本上是開放迴路，必須經常以新鮮的補給水來替換鍋爐水，相較於封閉迴路的空調用鍋爐，較不易腐蝕。

A 開放迴路如下圖左所示，是對大氣開放、水有進出的迴路。封閉迴路則如下圖右所示，是水沒有進出的迴路。鍋爐水是指鍋爐內部的水，也就是通過鍋爐的水。生鏽是由於水（H_2O）與氧（O_2）作用，讓鐵（Fe）生成 $Fe(OH)_3$ 所致。新鮮的水裡溶有氧氣，遇熱時會變成氣泡附著在配管表面，容易讓配管生鏽（腐蝕）（答案是✗）。

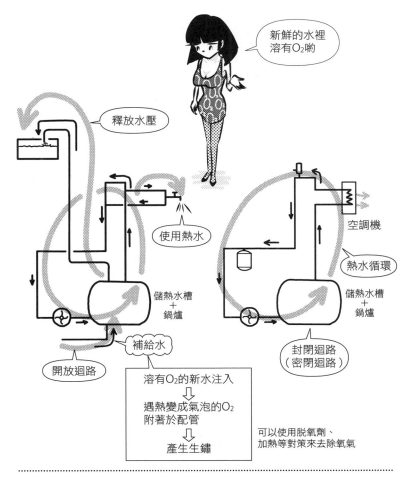

新鮮的水裡溶有O_2喲

釋放水壓

使用熱水

空調機

熱水循環

儲熱水槽＋鍋爐

儲熱水槽＋鍋爐

補給水

開放迴路

封閉迴路（密閉迴路）

溶有O_2的新水注入
⇩
遇熱變成氣泡的O_2
附著於配管
⇩
產生生鏽

可以使用脫氧劑、加熱等對策來去除氧氣

Q 熱水系統的熱水管是使用球墨鑄鐵管。

....

A 熱水管常使用<u>銅管</u>、<u>不鏽鋼管</u>、<u>耐熱聚氯乙烯內襯鋼管</u>（鋼管內側塗裝耐熱聚氯乙烯的管）、<u>交連聚乙烯管</u>、<u>聚丁烯管</u>等。<u>球墨鑄鐵管</u>是在鑄鐵內附有粒狀化石墨、黏性強的鑄鐵管，常用於埋設在道路下的自來水幹管、瓦斯幹管等（答案是 ×）。

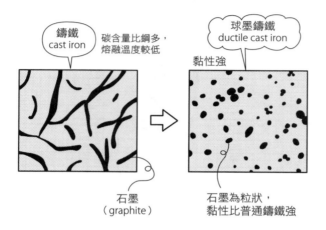

鑄鐵
cast iron　　碳含量比鋼多，熔融溫度較低

球墨鑄鐵
ductile cast iron

黏性強

石墨
（graphite）

石墨為粒狀，黏性比普通鑄鐵強

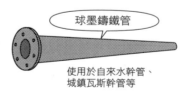

球墨鑄鐵管

使用於自來水幹管、城鎮瓦斯幹管等

....

答案 ▶ ×

Q 公共下水道為合流式的情況下，建築物內的雨水排水管與污水排水管由不同系統進行配管，在屋外的排水陰井將兩者連接起來。

....

A 合流式是指污水＋雜排水與雨水合流後，經過公共下水道一起流到污水處理廠（下水處理場、淨水場）。雨水管在屋外，與其他排水在排水陰井匯流（答案是○）。若在屋內合流，容易發生逆流、發臭或昆蟲侵入等問題。

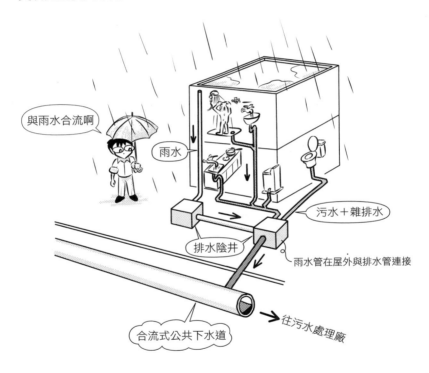

與雨水合流啊

雨水

污水＋雜排水

排水陰井

雨水管在屋外與排水管連接

合流式公共下水道

往污水處理廠

排水設備

Q 公共下水道為分流式的情況下，建築物內的雨水排水管與污水排水管由不同系統進行配管，在屋外的排水陰井將兩者連接起來。

....

A 分流式是指污水＋雜排水與雨水分開處理，污水＋雜排水送往污水處理廠，雨水則是直接流向河川（答案是×）。

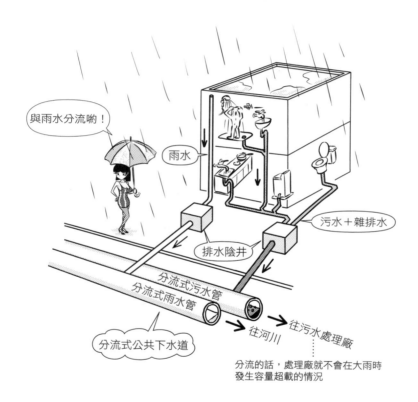

與雨水分流喲！

雨水

污水＋雜排水

排水陰井

分流式污水管

分流式雨水管

分流式公共下水道

往河川

往污水處理廠

分流的話，處理廠就不會在大雨時發生容量超載的情況

答案 ▶ ×

Q 公共下水道的雨水為基地內滲透式的情況下，雨水管會接到屋外的滲透井。

A 為了防止大雨時河川氾濫或污水處理廠容量超載，在基地內的地面下埋設滲透井和滲透管等進行雨水排放的方式，稱為<u>基地內滲透式</u>（答案是○）。依據地區的不同，有些地方有自行設置的義務。

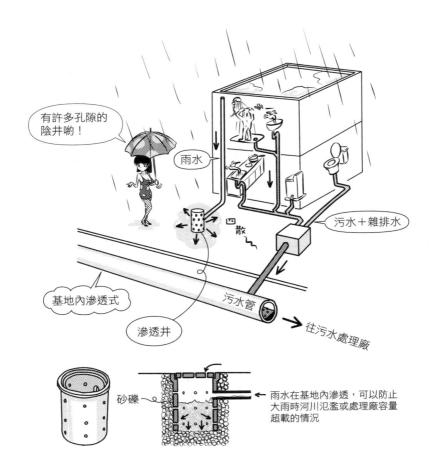

有許多孔隙的陰井喲！

雨水

四散

污水＋雜排水

基地內滲透式

滲透井

污水管

往污水處理廠

砂礫

雨水在基地內滲透，可以防止大雨時河川氾濫或處理廠容量超載的情況

7

排水設備

Q 公共下水道不完善的地區，污水、雜排水、雨水會先在合併式淨化槽處理，再流入U型溝。

....

A 公共下水道不完善的地區，各戶會以淨化槽處理後再流往U型溝等處。只處理污水者為<u>單獨式淨化槽</u>，污水與雜排水合併處理者為<u>合併式淨化槽</u>。雨水可以直接流入U型溝，不必經過淨化槽（答案是×）。在廚房或浴室使用的洗潔精或洗髮精、含有髒污的雜排水，無法在單獨式淨化槽處理，也是造成河川污染的原因，已禁止使用。現在只要提到淨化槽，都是指合併式淨化槽。

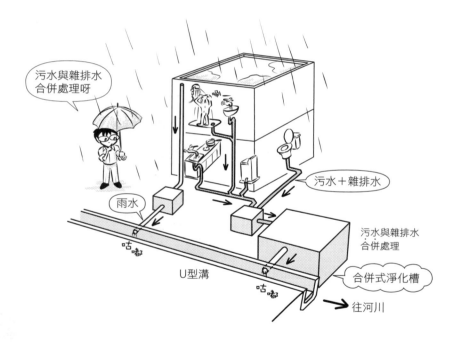

本節整理公共下水道的處理方式。包括不完善的部分，大致可分為
下列四種形式。

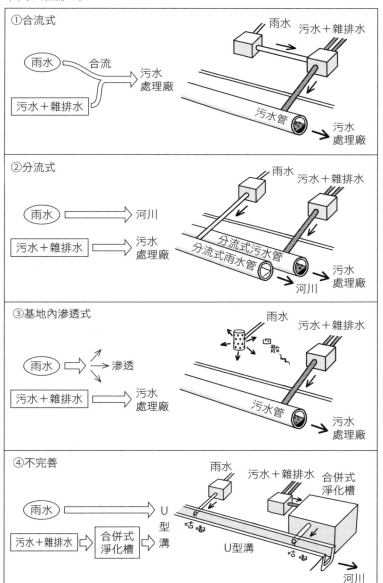

①合流式

雨水 ┐
　　　合流 ⟹ 污水處理廠
污水＋雜排水 ┘

雨水　　污水＋雜排水

污水管　　　→ 污水處理廠

②分流式

雨水 ⟹ 河川

污水＋雜排水 ⟹ 污水處理廠

雨水　　污水＋雜排水

分流式污水管
分流式雨水管　　→ 污水處理廠
　　　　　→ 河川

③基地內滲透式

雨水 ⟹ → 滲透

污水＋雜排水 ⟹ 污水處理廠

雨水　　四散　　污水＋雜排水

污水管　　　→ 污水處理廠

④不完善

雨水 ⟹ U型溝

污水＋雜排水 → 合併式淨化槽 → U型溝

雨水　　污水＋雜排水　合併式淨化槽

U型溝
　　　　→ 河川

7

排水設備

Q 埋設在基地內的排水管匯流處和方向變換處等，都要設置排水陰井。

....

A 如下圖所示，<u>排水陰井</u>設置在立管水流的接收處、匯流處、方向轉換處、轉接處，以及出基地之處（答案是○）。排水不必像供水一樣施加水壓，而是藉由重力來流動，所以必須讓空氣進入，使流動更加順暢。此外，排水會夾雜垃圾、灰塵、髒污等，必須打掃。因此，一定要設置陰井。

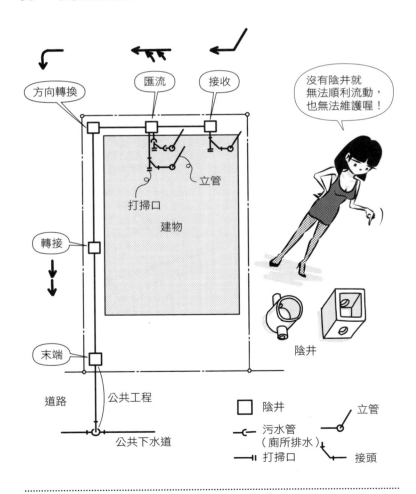

方向轉換　匯流　接收

沒有陰井就無法順利流動，也無法維護喔！

立管

打掃口

建物

轉接

末端

陰井

道路　　公共工程

公共下水道

□ 陰井　　　　　　　　　　　立管

—c— 污水管
（廁所排水）

—l 打掃口　　　　　接頭

....

答案 ▶ ○

Q 污水管的匯流、方向轉換處，會使用污水坑陰井。

A 如下圖所示，污水坑陰井是在陰井底部製作溝槽，讓含有污物的水容易流動的裝置。污水與雜排水的陰井都會使用（答案是○）。

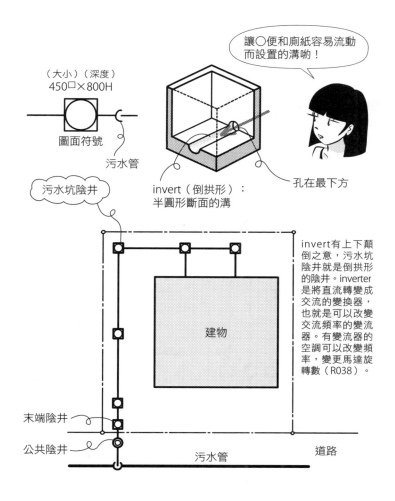

讓○便和廁紙容易流動而設置的溝喲！

（大小）（深度）
450□×800H

圖面符號

污水管

污水坑陰井

invert（倒拱形）：
半圓形斷面的溝

孔在最下方

invert有上下顛倒之意，污水坑陰井就是倒拱形的陰井。inverter是將直流轉變成交流的變換器，也就是可以改變交流頻率的變流器。有變流器的空調可以改變頻率，變更馬達旋轉數（R038）。

末端陰井

公共陰井

建物

污水管

道路

7

排水設備

Q 分流式公共下水道的雨水專用管（分流雨水管）與雨水排水管連接的情況下，不必設置存水彎井。

....

A 雨水與污水、雜排水分開流動的<u>分流式公共下水道</u>（參見R174），不必擔心臭味會向上傳送，可以使用沒有存水彎的<u>雨水陰井</u>（答案是○）。

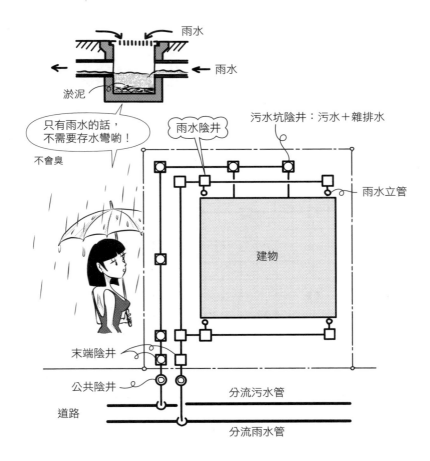

只有雨水的話，不需要存水彎喲！

不會臭

雨水

雨水

淤泥

污水坑陰井：污水＋雜排水

雨水陰井

雨水立管

建物

末端陰井

公共陰井

分流污水管

道路

分流雨水管

....

答案 ▶ ○

Q 雨水排水管（除了雨水排水立管之外）在基地內與污水排水管連接時，需要設置存水彎井。

....

A 洗臉、清洗等的雜排水、雨水等，若是和屎尿的污水管連接在一起，需要如下圖所示，以<u>存水彎井</u>（<u>雨水用存水彎井</u>）進行合流（答案是○）。這樣可以避免污水的臭味和昆蟲侵入等情況。

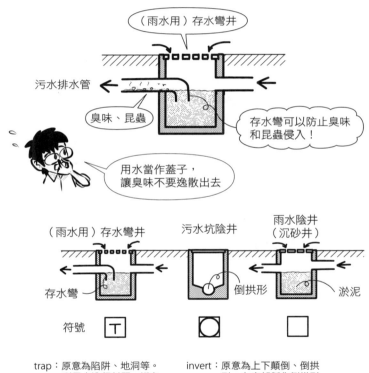

trap：原意為陷阱、地洞等。利用水進行封閉，避免臭氣逸散的排水裝置，亦即存水彎

invert：原意為上下顛倒、倒拱形。在底部製作倒拱形的溝槽，讓固狀物可以順利流動的排水裝置，亦即污水坑陰井

7

排水設備

....

答案 ▶ ○

Q 若為中高層建築物，一樓衛生設備的排水管，會單獨連接到屋外的排水陰井。

....

A 若將一樓的排水管與上層的排水立管接在一起，由上往下流的空氣會被壓縮，使氣壓增高，可能讓存水彎的水封噴濺出來。因此，一樓的排水管要和上層的排水管分離，單獨連接到屋外的排水陰井（答案是○）。

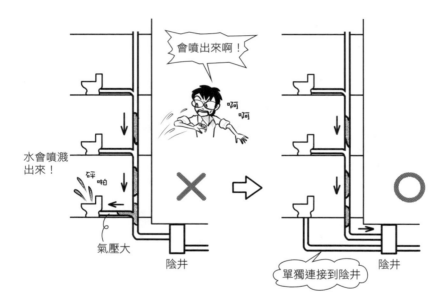

Q 自然流下式的排水管，下層的管徑會比上層大。

....

A 越往上越細的配管（<u>竹筍配管</u>），空氣較難進入細管，排水比較難
流動。若與排水量大的最下層為相同管徑，由上到下就會很通暢
（答案是 ×）。

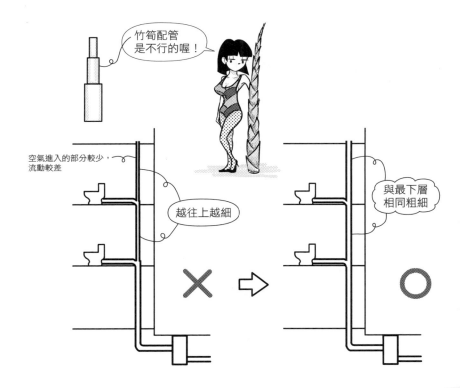

Q 排水橫管的管徑，必須大於與之連接的各種設備的排水管管徑。

. . . .

A <u>排水橫管</u>是以排水立管為主幹，像樹枝一樣往橫向伸長的管。管徑
會大於各種設備的管（答案是○）。以下圖為例，設備的管徑為
40mm、75mm，橫管的管徑要75mm以上。最末端的管徑以設備的
負荷和流量等來決定。

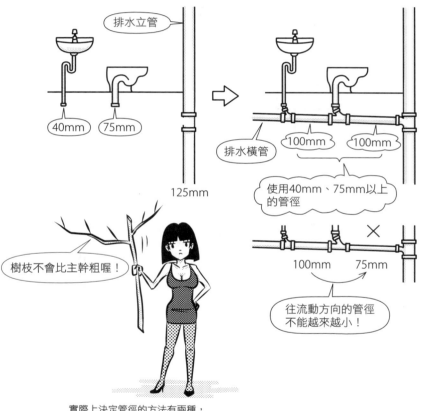

實際上決定管徑的方法有兩種，
一是加總各設備負荷單位的算法，
一是加總流量的算法

. . . .

答案 ▶ ○

Q 排水橫管的坡度，管徑100mm者，要在1/100以上。

....

A 排水橫管的坡度，管徑65mm以下者，要在1/50以上；管徑75mm、100mm者，要在1/100以上；管徑125mm者，要在1/150以上（答案是○）。坡度大致上為「1/管徑(mm)」。若為緩坡，直覺上可知流動會較緩慢，陡坡則是流速較大，水會先流走，產生污物滯留的情況。一起來看看決定排水管管徑的計算方法。

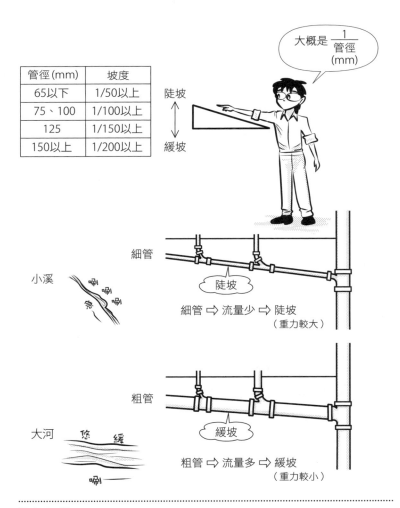

大概是 $\dfrac{1}{\text{管徑(mm)}}$

管徑(mm)	坡度
65以下	1/50以上
75、100	1/100以上
125	1/150以上
150以上	1/200以上

陡坡

緩坡

細管

小溪

陡坡

細管 ⇨ 流量少 ⇨ 陡坡
（重力較大）

粗管

大河

緩坡

粗管 ⇨ 流量多 ⇨ 緩坡
（重力較小）

7

排水設備

....

答案 ▶ ○

要求得排水管的管徑，有加總負荷單位的方法及加總排水量的方法。
下表為各設備的負荷單位、排水量$\omega(\ell)$、平均排水流量$q_d(\ell/s)$。
以左下的設備配置為計算範例。

從表求出設備的排水負荷單位

3　　6　　4

從表求得設備排水量$\omega(\ell)$、
設備平均排水間隔$T_o(s)$

ω　40ℓ　13ℓ　5ℓ
T_o　600s　220s　160s

整個系統總計

以下圖為計算例

橫管：$3×\underline{1}+6×\underline{3}+4×\underline{2}=29$　　負荷單位
立管：$29×2=58$　　　設備數
　　　　横管有兩根匯流

加總整個系統的設備固定流量$\overline{Q}=\dfrac{\omega}{T_o}$
（固定持續流動的流量）

橫管
$0.067+3×0.059+$
$2×0.031=0.306$
40/600　13/220　5/160　立管
＝　　　＝　　　＝　　$0.306×2=0.612$
0.067　0.059　0.031

從表決定管徑

負荷單位　　管徑
橫管：　29 ⟶ 100mm
立管：　58 ⟶ 100mm

從圖表決定管徑

（依據橫管、立管、橫向幹管、
　通氣方式的不同，
　有不同的圖表）

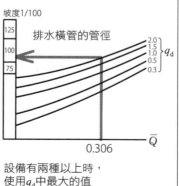

坡度1/100
排水橫管的管徑

0.306　　$\overline{Q}$

設備有兩種以上時，
使用q_d中最大的值
清掃水槽的$q_d=2.0$為最大

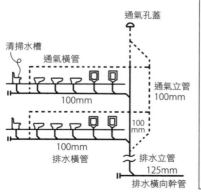

通氣孔蓋
清掃水槽
通氣橫管
100mm
通氣立管
100mm
100mm
100mm
排水橫管
排水立管
125mm
排水橫向幹管

參考：係數取自2010年空氣調和‧衛生工學會編《給排水‧衛生設備計画設計
　　　の実務の知識》

Q 計畫設備管道間的尺寸時，要考量配管的施工、檢查、修理、更新作業可以安全、容易地進行，同時考慮配管更新時的預備空間。

....

A PS是立管匯集的管道間（pipe space），為了方便維護和增設，設計較大的空間，並裝設檢查用的門扇（答案是○）。

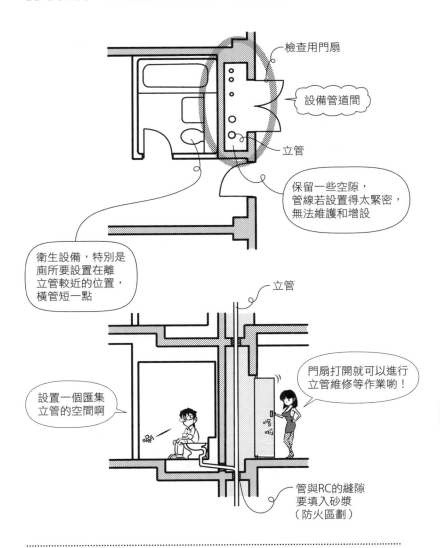

檢查用門扇

設備管道間

立管

保留一些空隙，管線若設置得太緊密，無法維護和增設

衛生設備，特別是廁所要設置在離立管較近的位置，橫管短一點

立管

門扇打開就可以進行立管維修等作業喲！

設置一個匯集立管的空間啊

管與RC的縫隙要填入砂漿（防火區劃）

7

排水設備

....

答案 ▶ ○

Q 排水管的清潔口要設置在配管彎曲的部分，而且管徑超過100mm
的配管要控制在30m以內。

....

A 排水管與供水管不同，容易有污物堵塞，必須在必要的地方設置清
潔口。包含彎曲的部分，管徑超過100mm要在30m以內，管徑
100mm以下要在15m以內（答案是○）。

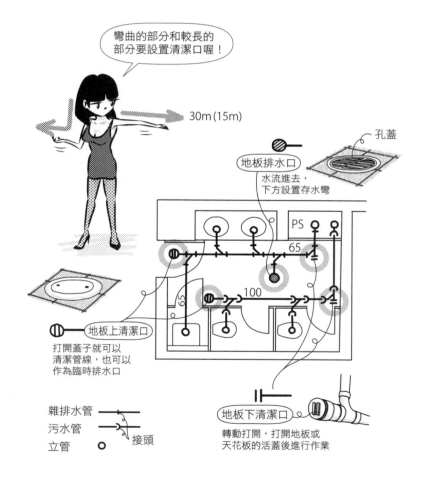

彎曲的部分和較長的
部分要設置清潔口喔！

30m (15m)

孔蓋

地板排水口
水流進去，
下方設置存水彎

PS

65

100

地板上清潔口
打開蓋子就可以
清潔管線，也可以
作為臨時排水口

雜排水管
污水管
立管　　　　接頭

地板下清潔口
轉動打開，打開地板或
天花板的活蓋後進行作業

....

答案 ▶ ○

Q 排水的位置若是比公共下水道低，建物內的最下方要設置排水槽，
　　再用排水泵浦抽吸。

....

A 地下層的排水比公共下水道低時，由於重力的關係會無法流動。如
　　下圖在建物內的最下方設置<u>排水槽</u>，再用泵浦抽吸（答案是○）。

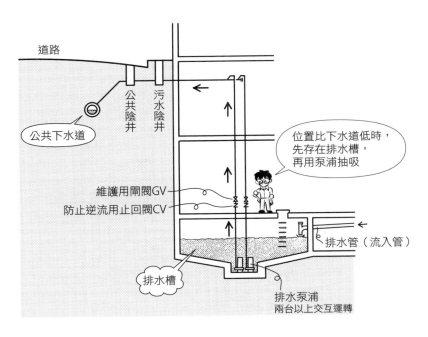

道路

公共下水道

公共陰井

污水陰井

位置比下水道低時，
先存在排水槽，
再用泵浦抽吸

維護用閘閥GV

防止逆流用止回閥CV

排水管（流入管）

排水槽

排水泵浦
兩台以上交互運轉

⊳⊲ GV：gate valve　閘閥

⊳⊲ CV：check valve　止回閥

　　gate：門　check：檢查、控制

排水槽 { 污水槽
　　　　 雜排水槽
　　　　 雨水槽
　　　　 ⋮

Q **1.** 排水槽的底部要設置泵坑，底面的坡度往泵坑下方斜。
　　2. 設於排水槽的人孔蓋，有效內徑要在60cm以上。

....

A 排水槽的底部，如下圖所示設置<u>泵坑</u>（<u>抽水井</u>、<u>吸水坑</u>、<u>集水</u><u>坑</u>），往泵坑會有坡度（**1**是○）。設置<u>有效內徑60cm以上</u>的<u>人孔</u><u>蓋</u>和<u>梯子</u>，作為維修使用（**2**是○）。此外，設置<u>通氣管</u>是為了讓槽內空氣維持在大氣壓力，使流動順暢。

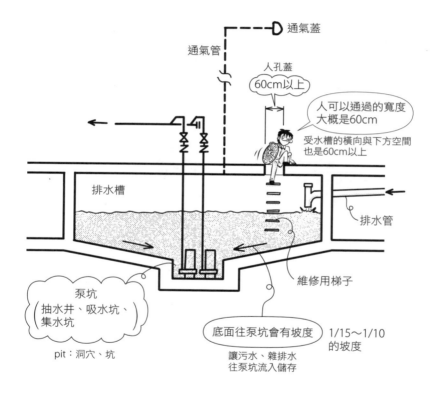

通氣蓋

通氣管

人孔蓋
60cm以上

人可以通過的寬度
大概是60cm

受水槽的橫向與下方空間
也是60cm以上

排水槽

排水管

泵坑
（抽水井、吸水坑、
集水坑）

維修用梯子

pit：洞穴、坑

底面往泵坑會有坡度

1/15～1/10
的坡度

讓污水、雜排水
往泵坑流入儲存

....

答案 ▶ 1. ○　 2. ○

Q 1. 吐水口空間是指水龍頭的出水口端與接水容器溢流緣之間的垂直距離。

　　 2. 無法設置吐水口空間的衛生設備，會在比設備溢流緣高的位置設置自動放氣閥。

. . . .

A ①水龍頭與接水側一定會設置<u>吐水口空間</u>（**1**是○）。

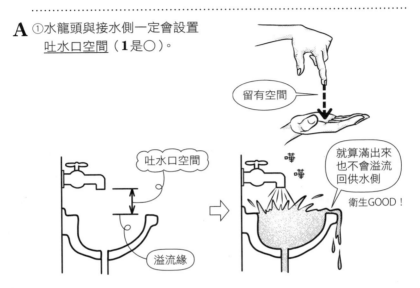

留有空間

吐水口空間

溢流緣

就算滿出來也不會溢流回供水側

衛生GOOD！

嘩嘩

②沒有設置吐水口空間時，會設置真空斷路器（**2**是×）。

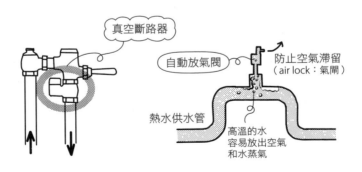

真空斷路器

自動放氣閥

防止空氣滯留（air lock：氣閘）

熱水供水管

高溫的水容易放出空氣和水蒸氣

設置<u>自動放氣閥</u>是為了防止熱水供水管的凸出部分產生空氣滯留，形成<u>氣閘</u>，使流動變差。

7

排水設備

. . . .

答案 ▶ 1. ○　　2. ×

Q 間接排水是為了防止污水和臭氣等的逆流、滲透。

....

A 供水側不會直接與排水側連接，先利用<u>吐水口空間</u>或<u>排水口空間</u>，開放至大氣壓力下，之後再間接進行排水，就是<u>間接排水</u>。這是為了避免污水和臭氣進入供水側所做的設計（答案是○）。洗手台或受水槽的溢水管（參見R149）就是代表範例。

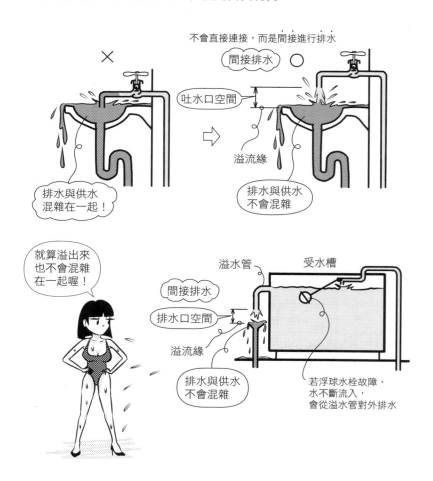

● 供水管下方的空間為吐水口空間，排水管下方的空間為排水口空間。

....

答案 ▶ ○

Q 業務用冰箱的排水，會與一般排水系統的配管直接連接。

A 冰箱中冷卻空氣的水蒸氣會產生結露。若是家庭用冰箱會蓄積在盤子裡，利用廢熱蒸發。大型冰箱的排水，為了不讓排水逆流，使用間接排水（答案是 ×）。接水處設置5～15cm左右的排水口空間。有時設置在裝置內，有時兼作存水彎，間接與排水管連接。

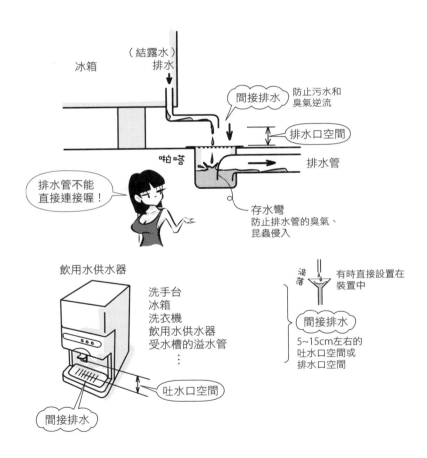

7

排水設備

Q 間接排水的接水容器需要設置排水存水彎。

A 存水彎的英文 <u>trap</u> 原意是「陷阱」，水在 S 型管等的「陷阱」中停留蓄積，讓臭味和蟲不會侵入室內。間接排水的接水容器代表範例是洗手台。洗手台的下方一定設有存水彎（答案是○）。存水彎蓄積的水因蒸發或負壓等減少，稱為<u>破封</u>。

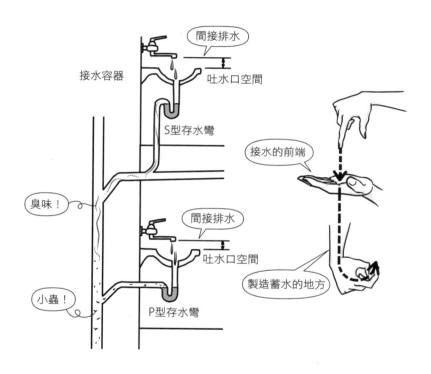

- 筆者曾看過馬桶水封乾掉的建物，四周散布著大量小蟲，景象驚人。

答案 ▶ ○

Q 1. 設置通氣管是為了緩和排水管內的壓力變動。
 2. 通氣管可以保護排水存水彎的水封。

....

A 擠壓空氣使氣壓上升（正壓），或是抽取空氣使氣壓下降（負壓），
 都會影響排水的流動，使排水變得困難，存水彎的水封也會上升下
 降無法穩定。此時只要裝設<u>通氣管</u>，讓空氣可自由進出並保持在大
 氣壓力下，流動就會很順暢，不會破封（**1**、**2**是○）。

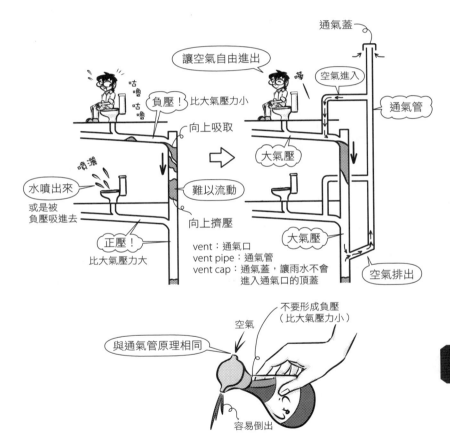

7
排水設備

Q 通氣立管的下半部，要在比最低排水橫管高的位置，與排水立管進行連接。

....

A 通氣管要設置在排水管各處，讓排水管內保持在大氣壓力下，達到流動順暢的目的。排水流動的下方空氣受到壓縮，容易變得比大氣壓力高（正壓）；上方空氣則是被抽出，容易比大氣壓力低（負壓）。就跟醬油瓶的通氣孔一樣，需要設置通氣管讓空氣進出，排水的流動才會順暢。若在位置最低的排水橫管上方設置通氣管，會讓壓縮的空氣無處可逃，因此必須設置在下方才對（答案是 ✗）。

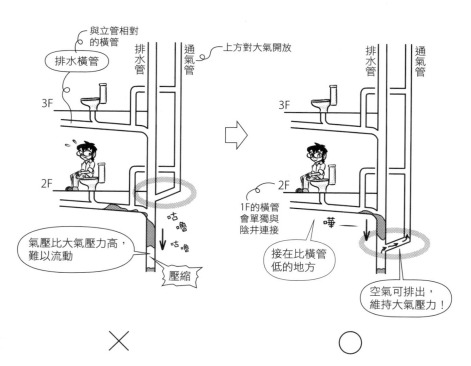

....

Q 雨水排水立管不可以兼作通氣立管。

A 雨水排水立管若是兼作通氣立管，大雨時，管的中間會堵塞，從衛生設備噴出雨水。此外，管子若充滿雨水，空氣無法進出，排水的流動會變差（答案是○）。

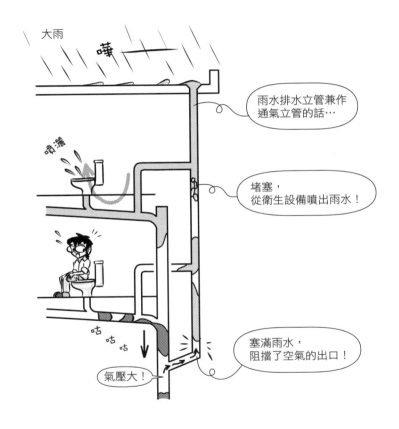

答案 ▶ ○

Q 排水立管的上方有伸頂通氣管作為延長，開放至大氣中。

A 排水立管的頂部會延伸，作為簡易的通氣管，稱為<u>伸頂通氣管</u>（stack vent）（答案是○）。這種通氣管不會使用在同時有許多排水的大型建物。作為防止臭味溢出的對策，往大氣的出口會設置負壓時才開啟的<u>通氣閥</u>。

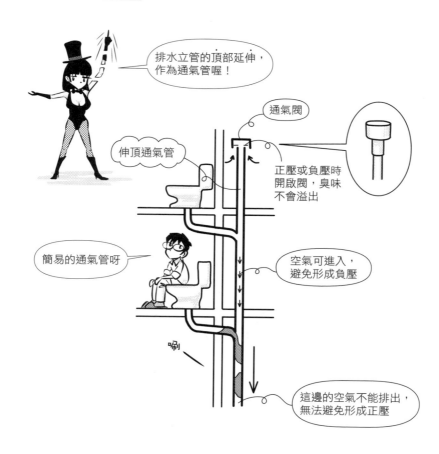

排水立管的頂部延伸，作為通氣管喔！

通氣閥

伸頂通氣管

正壓或負壓時開啟閥，臭味不會溢出

簡易的通氣管呀

空氣可進入，避免形成負壓

唰

這邊的空氣不能排出，無法避免形成正壓

Q 延伸排水立管上方所設置的伸頂通氣管，其管徑不能比排水立管的
管徑小。

A 排水立管必須<u>直接以同樣的管徑延伸</u>作為伸頂通氣管。若是因為只
有空氣通過而以細管延長，空氣會難以進入，容易形成負壓。排水
立管也是一樣，伸頂通氣管不能以竹筍式進行配管（答案是○）。
反之，只要管徑比排水管粗都 OK。

比排水立管細的
伸頂通氣管　✕

越往上就越細的配管方式

竹筍式✕

竹筍配管不能用在
伸頂通氣管喲！

嘶

7

排水設備

Q 通氣橫管的位置，應該設在該樓層最高位置的衛生設備溢流緣上方10cm處。

....

A 通氣橫管若是設在溢流緣高度附近，會有排水流入通氣管內的危險。因此，通氣管的橫管位置高度，要比設備溢流緣高 <u>15cm以上</u>（答案是 ✕ ）。

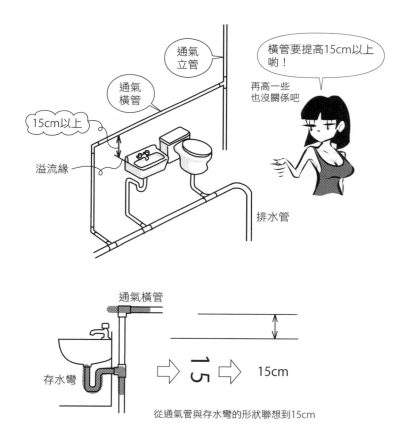

從通氣管與存水彎的形狀聯想到15cm

....

Q 通氣管的末端若是設置在窗戶等開口附近，要在開口上方的60cm以上，或是水平距離3m以上。

A 通氣管的末端，臭味會從通氣閥散出。如下圖所示，與周圍窗戶要有水平方向<u>3m以上</u>、垂直方向<u>60cm以上</u>的距離（答案是○）。

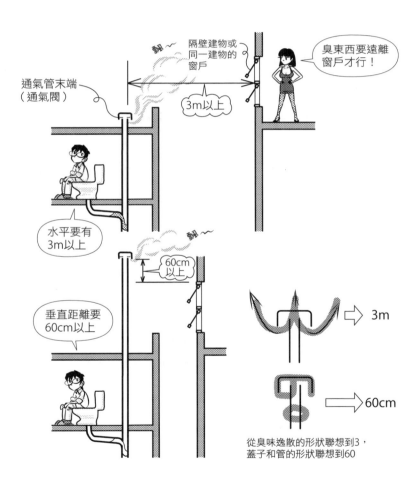

從臭味逸散的形狀聯想到3，蓋子和管的形狀聯想到60

答案 ▶ ○

7 排水設備

Q 屋頂若是計畫作為空中花園，通氣管的開口要在屋頂 2m 以上的位置，對大氣開放。

....

A 空中花園、運動場、曬衣場有通氣管的情況下，為了不讓臭味影響，開口至少要比屋頂高 2m 以上。記得位置要比人高就對了（答案是○）。

┌─ Point ────────────────────────────────────

通氣管的末端 ⎰ 窗戶……⎰ 水平距離3m以上
　　　　　　⎱　　　　⎱ 垂直距離60cm以上（末端的上方）
　　　　　　⎱ 空中花園…高度2m以上

└──

....

Q 伸頂通氣管的排水立管與排水橫管之間，藉由特殊接頭進行連接，排水通氣性能較佳。

....

A 要倒出瓶中的水時，旋轉形成渦流，讓中央有空氣通過，流動就會很順暢。<u>特殊接頭</u>應用了這個原理，廣泛使用於中高樓層公寓的伸頂通氣管（答案是○）。除了旋轉的方式之外，還有在立管的接頭前加以彎折減速的方式。

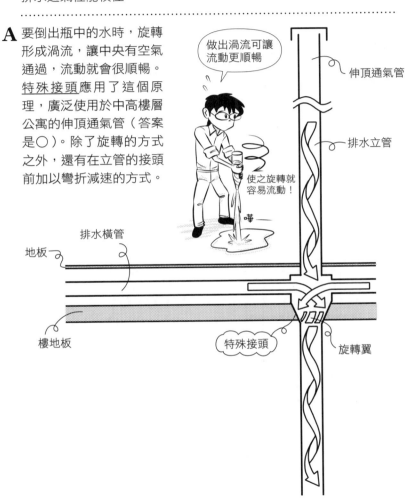

做出渦流可讓流動更順暢

伸頂通氣管

排水立管

使之旋轉就容易流動！

嘩

排水橫管

地板

樓地板

特殊接頭

旋轉翼

● 使用特殊接頭的地板上，污水管、雜排水管等多個管線可用同樣的高度連接。分售型公寓為區分所有，RC 樓地板上方為區分所有權範圍。原則上，配管也會設置在樓板上方。

....

答案 ▶ ○

Q 環狀通氣是為了保護兩個以上的存水彎，在排水橫管最上游設備的下游側，設置一根通氣管。

A 辦公大樓、學校等連接許多設備的排水橫管，常使用在最上游設備的下游側設置一根通氣管，與排水管形成一個環形的環狀通氣方式。與個別通氣方式相較，成本較低（答案是○）。

環！

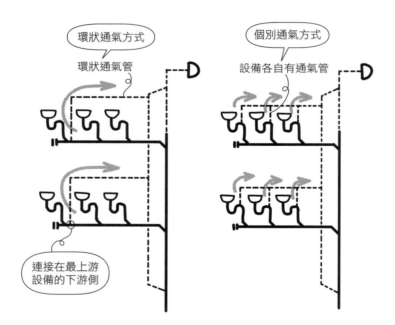

環狀通氣方式

環狀通氣管

連接在最上游設備的下游側

個別通氣方式

設備各自有通氣管

loop：環，通氣管＋排水管形成環狀

答案 ▶ ○

Q 排水存水彎的水封深度為5～10cm。

....

A 深度太淺的話，容易蒸發不見。此外，若因排水管內的負壓而被抽出，也會馬上不見；太深則不易流動，容易蓄積髒污。<u>5～10cm</u>是最適宜的深度（答案是○）。

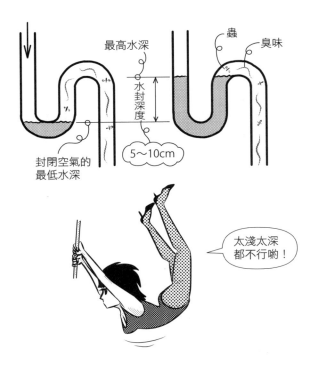

從存水彎的形狀聯想到5

....

答案 ▶ ○

Q 排水管的臭味很嚴重時，可以設置雙重存水彎。

....

A 設置<u>雙重存水彎</u>時，存水彎之間的空氣處於封閉狀態。那些空氣為正壓時會擠壓水，負壓時會抽取水，不斷有空氣進出排水口，使水不易流動。<u>雙重存水彎原則上是不可行的</u>（答案是×）。若是一定要設置雙重存水彎，在存水彎之間必須有通氣管，避免空氣處於封閉狀態。

空氣為封閉狀態
⇩
負壓、正壓交替，
流動困難

通氣管

S型存水彎

存水彎陰井

存水彎之間的空氣
有時為負壓、有時
為正壓

雙重存水彎 ✕

只需要一個S型存水彎

雙重存水彎 ✕

不得已需要設置存
水彎陰井時，在存
水彎與存水彎陰井
之間要有通氣管，
避免封閉的空氣形
成負壓或正壓

雙重存水彎
是不行的！

啊

....

答案 ▶ ✕

Q 相較於 P 型存水彎，S 型存水彎容易因為自虹吸作用，產生水封損失。

....

A <u>虹吸作用</u>是在充滿水的倒 U 型管中，管的前端比水面低時，會將水吸出的作用。排水時自己產生虹吸作用者，稱為<u>自虹吸作用</u>。相較於 P 型存水彎，S 型存水彎的管是往下方延伸，更容易形成虹吸管。排水管滿水時，容易產生破封現象（答案是○）。有大量的排水流動時，可使用鼓式存水彎作為因應對策。

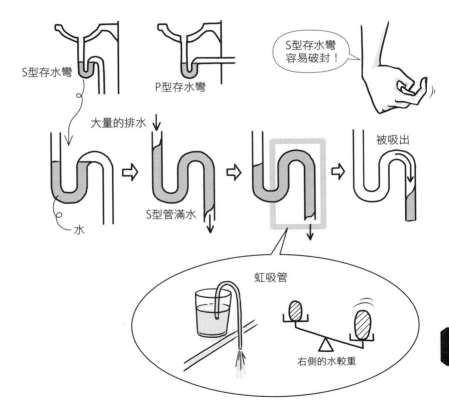

S型存水彎

P型存水彎

S型存水彎容易破封！

大量的排水

水

S型管滿水

被吸出

虹吸管

右側的水較重

7

排水設備

....

答案 ▶ ○

Q 存水彎破封的原因，除了蒸發、自虹吸作用之外，還有吸出作用、噴出作用、毛細現象等。

....

A 除了蒸發和自虹吸作用之外，如下圖所示，還有因負壓產生的吸出作用、正壓產生的噴出作用、頭髮等因間隙形成的毛細現象（毛細管作用）等，都會造成破封（答案是○）。

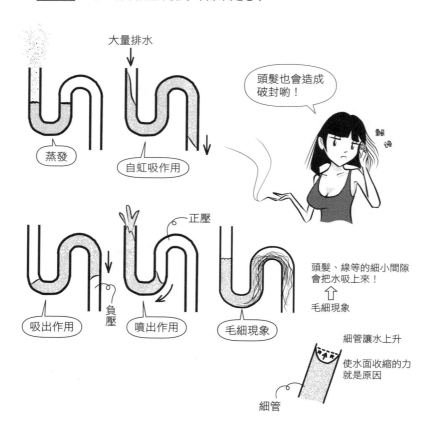

大量排水

蒸發

自虹吸作用

頭髮也會造成破封喲！

噴說

負壓

吸出作用

正壓

噴出作用

毛細現象

頭髮、線等的細小間隙會把水吸上來！

⇧

毛細現象

細管讓水上升

使水面收縮的力就是原因

細管

....

答案 ▶ ○

Q 地板排水使用的碗型存水彎，清掃時若是在把碗拿掉的狀態下直接使用，很容易產生惡臭和害蟲侵入。

....

A 碗型存水彎的構造如下圖所示，碗從上方蓋下的地方有水蓄積，藉此阻斷排水管與空氣接觸。若把碗拿掉，會有臭味和蟲侵入（答案是○）。碗向上的倒碗型存水彎，使用橫向排水，高度不必太高，常用於套裝衛浴或洗衣機底盤。

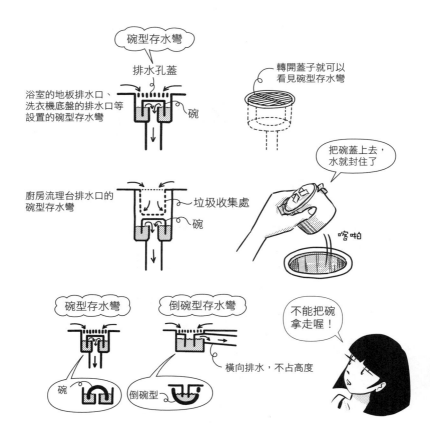

Q 餐飲店的廚房排水系統設置油脂截留器的主要目的，是防止排水管的臭氣向外排出。

A 設置油脂截留器（grease separator / grease interceptor）是為了不讓廚房的油和殘渣等堵塞排水管，並避免流到公共下水道（答案是×）。油的比重為0.8～0.9左右，比水（1.0）輕，可利用油浮於水的特性從槽中取出油脂。與排水管的連接部位也會設置存水彎。油脂截留器亦稱分油存水彎（grease trap），主要目的就是去除油脂和垃圾。類似的裝置還有油料截留器（oil interceptor），設置在加油站和汽車車庫，用以汲取石油。

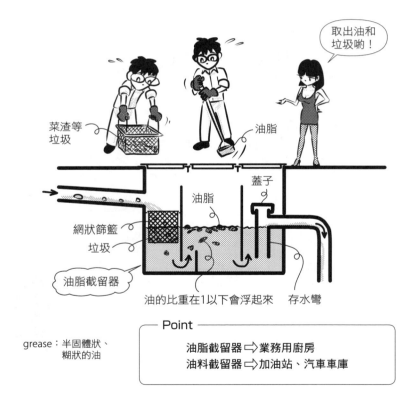

取出油和垃圾喲！

菜渣等垃圾

油脂

油脂

蓋子

網狀篩籃

垃圾

油脂截留器

油的比重在1以下會浮起來　存水彎

grease：半固體狀、糊狀的油

┌─ Point ──────────────────┐
油脂截留器 ⇨ 業務用廚房
油料截留器 ⇨ 加油站、汽車車庫
└──────────────────────────┘

答案 ▶ ×

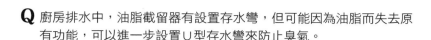

Q 廚房排水中,油脂截留器有設置存水彎,但可能因為油脂而失去原有功能,可以進一步設置U型存水彎來防止臭氣。

....

A 油脂截留器的水的出口,為了不讓排水管的臭氣或蟲侵入,已經設有存水彎。若是再設置U型存水彎,就形成雙重存水彎,將空氣封閉。空氣時而正壓時而負壓,會讓流動變得困難(答案是×)。

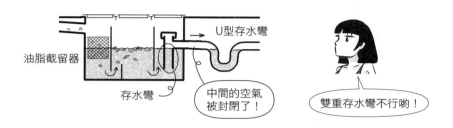

存水彎總整理

存水彎 彎曲管線讓水蓄積的			
	S型存水彎	P型存水彎	U型存水彎
存水彎 在容器中蓄水的			
	碗型存水彎	倒碗型存水彎	鼓狀存水彎

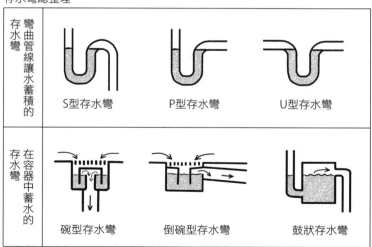

排水設備

....

Q 1. 沖落式是從噴射口噴出強勁的洗淨水，利用壓力將污物排出的水洗式馬桶洗淨方式。

2. 相較於沖落式馬桶，較常使用溜水面廣、不易附著污物的虹吸式馬桶。

··

A 沖落式是利用水的落差，藉由向下掉落的力道來沖水的方式。利用噴射口噴出水流的力量進行沖水的是噴射式（**1**是×）。虹吸式是藉由製作虹吸管，以虹吸現象的吸引力來沖水的方式。虹吸式比沖落式安靜，而且水面（溜水面）較廣，有污物不易附著等優點（**2**是○）。

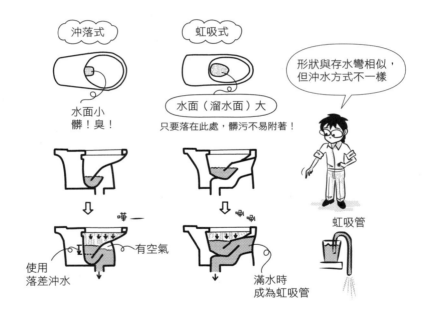

Point

沖落式 ⇨ 利用向下掉落的力道來沖水
虹吸式 ⇨ 利用虹吸管來沖水

··

答案 ▶ 1. ×　　2. ○

Q 馬桶的洗淨方式，有虹吸作用加上使用渦流力量的渦流虹吸式，以及加上噴射力量的噴射虹吸式。

....

A 只有虹吸作用的話，吸引力較弱，加上渦流（vortex）力量，就是<u>渦流虹吸式</u>；加上噴射（jet）力量，則是<u>噴射虹吸式</u>（答案是○）。

虹吸再加上
渦流或噴射啊

渦流虹吸式　　　　　　　噴射虹吸式

渦流　　　　　　　　　　噴射

喇 喇 喇　　　　　　　　嘩 ————

Point

渦流虹吸式 ⇨ 虹吸＋渦流
噴射虹吸式 ⇨ 虹吸＋噴射

....

7

排水設備

Q 噴射式馬桶與渦流虹吸式相同，溜水面廣、不易附著污物及散發臭味，衛生上較佳。

....

A <u>噴射式</u>不是運用虹吸作用，而是利用水噴出（blow out）的力量進行沖水。虹吸式、渦流虹吸式和噴射虹吸式一樣，溜水面寬廣，落在水中不易附著髒污，也不容易散發臭味（答案是○）。馬桶水箱的水壓不足時，會使用<u>沖水閥</u>（<u>沖洗閥</u>）。缺點是聲音較吵。

虹吸式與噴射式的
水面都很廣喔！

瞄準水
掉落喲！

噴射式

水面
（溜水面）廣

很吵

唰

橫向排出 ←

不運用虹吸作用，
只以噴出的力量沖水，
只能用沖水閥的方式

blow：吹
blow out：吹出、噴出

flush valve
水流 開關

沖水閥

按鈕

拉桿

噴射式

....

答案 ▶ ○

Q 馬桶的低位水箱式洗淨方式不能連續使用，因此不適合用於許多不特定人士利用的廁所。

....

A 低位水箱式的水箱就設置在與馬桶等高的地方，相較於靠近天花板的高位水箱式，維護更簡單、施作更便利。水蓄滿之前不能沖水，因此不適合用於很多人使用的學校或辦公室，適合用在住宅或公寓等處所（答案是○）。許多人使用的場所，適合採用沖水閥式。

學校、圖書館、辦公室、劇場等

低位水箱式

× 水蓄滿之前
不能沖水

沖水閥式

○ 沖水之後
也能馬上再使用

高位水箱式

設置位置較高，
維護不易

水箱的水蓄滿之前
不能沖水啊

排水設備

....

答案 ▶ ○

Q 省水型虹吸式馬桶一次的用水量是15ℓ左右。

··

A 馬桶一次的用水量，<u>省水型虹吸式是9ℓ以下</u>（答案是×）。用水量較多的有13ℓ。馬桶的省水設計，廠商開發出最低使用3.8ℓ的產品。以日本一億人口來說，一天上一次大號，一次使用10ℓ，就表示有10億ℓ＝100萬m³，如此大量的水被沖走。

馬桶的洗淨方式各式各樣，各有優缺，整理如下。

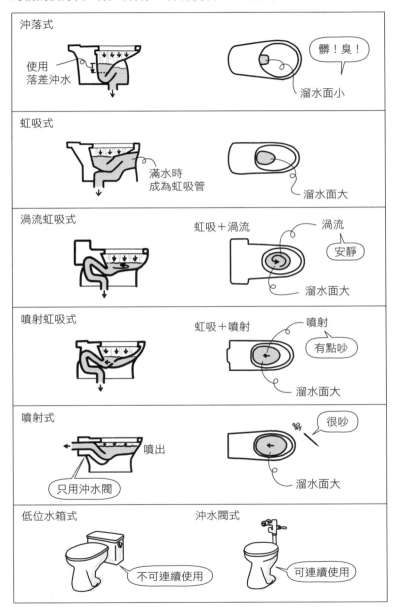

沖落式

使用
落差沖水

髒！臭！

溜水面小

虹吸式

滿水時
成為虹吸管

溜水面大

渦流虹吸式

虹吸＋渦流

渦流

安靜

溜水面大

噴射虹吸式

虹吸＋噴射

噴射

有點吵

溜水面大

噴射式

噴出

很吵

只用沖水閥

溜水面大

低位水箱式　　　　　　沖水閥式

不可連續使用　　　　　可連續使用

7

排水設備

Q BOD是生物化學中的氧氣需求量（生化需氧量），評量水質污濁程度的指標之一。

....

A 污水和雜排水所包含的有機物，可用微生物氧化分解。此時需要的氧氣量就是 <u>BOD</u>（biochemical oxygen demand，生化需氧量）（答案是○）。

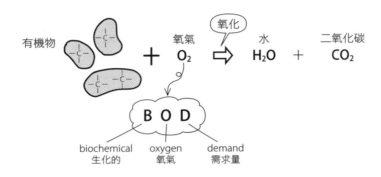

有機物　＋　氧氣 O_2 ⟹ 〔氧化〕 水 H_2O ＋ 二氧化碳 CO_2

B O D

| biochemical | oxygen | demand |
| 生化的 | 氧氣 | 需求量 |

淨化時需要多少氧氣的意思！

....

答案 ▶ ○

Q BOD（生化需氧量）的單位是 mg/ℓ 或 ppm。

A 淨化 1ℓ 的水需要多少 mg 氧氣，就是 BOD，單位為 <u>mg/ℓ</u>。正確地說，質量／體積不會成為比，但水 1ℓ ＝ 1000cm³ 為 1000g，可換算成 1mg/ℓ ＝ 1<u>ppm</u>（答案是○）。

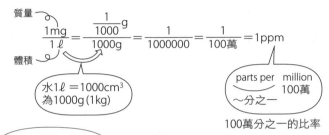

質量
體積

$$\frac{1mg}{1ℓ} = \frac{\frac{1}{1000}g}{1000g} = \frac{1}{1000000} = \frac{1}{100萬} = 1ppm$$

水 1ℓ ＝ 1000cm³
為 1000g（1kg）

parts per / million
　　　　　 100萬
～分之一

100萬分之一的比率

mg/ℓ＝ppm 要成立，
只有在水的情況下喔

咕嚕

BOD
{
5mg/ℓ＝5ppm：魚可活
3mg/ℓ＝3ppm：還能喝
1mg/ℓ＝1ppm：可以喝
}

答案 ▶ ○

Q 電流（A：安培）、電壓（V：伏特）、電阻（Ω：歐姆）之間的關係是電流＝電阻／電壓。

....

A 將電流比喻為水流比較容易理解。阻力小時，流動較多；阻力大時，流動較少。因此，流動與阻力成反比，表示在電壓與電流的關係式時，電阻會在分母（答案是×）。

高差產生的電位差＝電壓，高差大時，流量較多；高差小時，流量較少。流量與高差成正比，因此高差是分子。與阻力結合時，流量＝高差／阻力。電流＝電壓／電阻的公式，稱為歐姆定律（Ohm's law）。

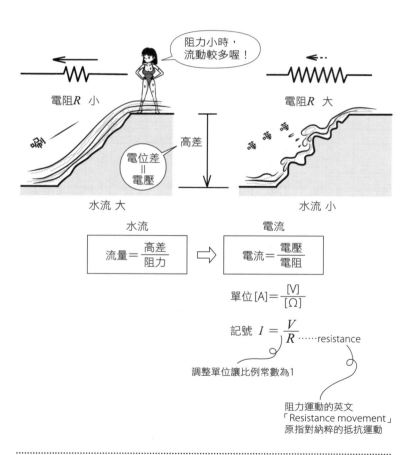

阻力小時，流動較多喔！

電阻 R 小　　　　　　　　　　　　　電阻 R 大

高差

電位差＝電壓

水流 大　　　　　　　　　　　　　水流 小

水流　　　　　　　　　　　　電流

$$流量 = \frac{高差}{阻力} \Rightarrow 電流 = \frac{電壓}{電阻}$$

$$單位\,[A] = \frac{[V]}{[\Omega]}$$

$$記號 \quad I = \frac{V}{R} \cdots\cdots resistance$$

調整單位讓比例常數為1

阻力運動的英文
「Resistance movement」
原指對納粹的抵抗運動

....

答案 ▶ ×

Q 熱通量與溫度差成正比，與熱阻成反比。

A 電流的公式為 $I = V/R$，熱通量的公式則是 $Q = \Delta t \cdot A/R$。熱流的公式也是與高差（溫度差）成正比，與阻力成反比（答案是○）。

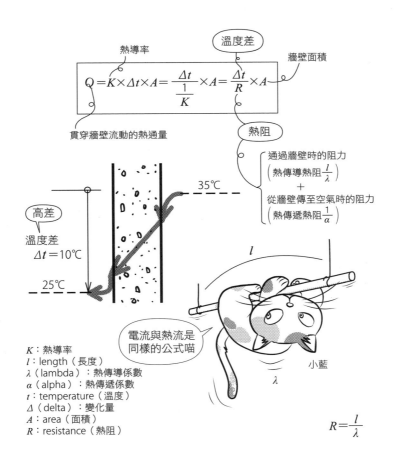

貫穿牆壁流動的熱通量

熱導率　　　溫度差　　牆壁面積

$$Q = K \times \Delta t \times A = \frac{\Delta t}{\frac{1}{K}} \times A = \frac{\Delta t}{R} \times A$$

熱阻

通過牆壁時的阻力
$\left(\text{熱傳導熱阻}\dfrac{l}{\lambda}\right)$
＋
從牆壁傳至空氣時的阻力
$\left(\text{熱傳遞熱阻}\dfrac{1}{\alpha}\right)$

35℃

高差

溫度差
$\Delta t = 10℃$

25℃

l

電流與熱流是
同樣的公式喵

小藍

λ

K：熱導率
l：length（長度）
λ（lambda）：熱傳導係數
α（alpha）：熱傳遞係數
t：temperature（溫度）
Δ（delta）：變化量
A：area（面積）
R：resistance（熱阻）

$$R = \frac{l}{\lambda}$$

● 關於熱傳導，請參見拙作《圖解建築物理環境入門》〔註：台灣常用的熱傳導率符號為 k，亦稱「熱傳導係數」〕。

答案 ▶ ○

Q 電力是指電流的功率，可由電壓(V)×電流(A)求得。

....

A 水流能量在每秒作的功，也就是功率，與高差×流量成正比。高
差2倍、流量也2倍時，水流的能量就是4倍。<u>電流所作的功率</u>，
也就是<u>電力</u>，可由<u>電壓×電流</u>求得（答案是○）。

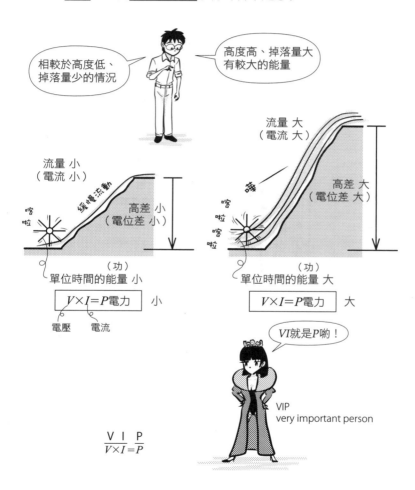

Q W（瓦特）是電力單位，Wh（瓦時）是電量單位。

....

A <u>1N</u>（牛頓）的力移動1m所作的<u>功</u>量為<u>1J</u>（焦耳）。1J的功就是1J所持有的能量。1J 在1秒所作的功是<u>功率</u>，為<u>1W</u>（瓦特）。電流的功（能量）就是<u>電量</u>，電流的功率就是<u>電力</u>。50W的燈泡表示每秒作50J的功，每秒耗費50J的能量。每秒50J的電能會轉化成光和熱的能量。

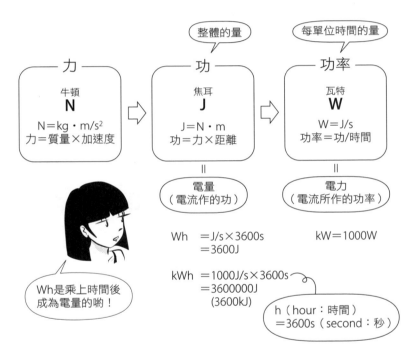

$$Wh = J/s \times 3600s$$
$$= 3600J$$

$$kW = 1000W$$

$$kWh = 1000J/s \times 3600s$$
$$= 3600000J$$
$$(3600kJ)$$

h（hour：時間）
= 3600s（second：秒）

Wh是乘上時間後成為電量的喲！

<u>Wh</u>（瓦時）乍看是電力的單位，實際上是功率乘上時間（h = 3600s）得出，為功（能量）＝電量的單位（答案是○）。50W使用2小時的電氣能量是50W×2h = 100Wh = 100J/s·3600s = 360000J = 360kJ。

....

8

電氣的基礎知識

Q 電力的供給在負荷容量、電線粗細和長度為相同時，配電電壓較低者，配電線路的電力損失較少。

A 往返的電線，其電阻不可能為0。電阻為 r、電流為 I 時，會產生 I^2r 的電力損失。<u>為了減少電力損失，使用變壓器讓電壓上升、電流下降</u>。由於電壓 × 電流＝電力，電壓上升，電流就會下降（答案是 ✕）。同樣為100W，在1A和0.1A的情況下，電阻 $2r$ 的電力損失有 $2r$（W）和 $0.02r$（W）的差異。

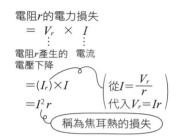

電阻 r 的電力損失
$$= V_r \times I$$

電阻 r 產生的　電流
電壓下降
$$= (I_r) \times I$$
$$= I^2 r$$

$\left(\begin{array}{l} \text{從} I = \dfrac{V_r}{r} \\ \text{代入} V_r = Ir \end{array} \right)$

稱為焦耳熱的損失

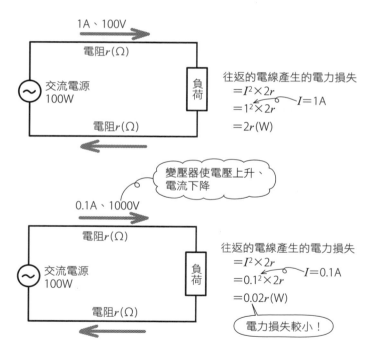

1A、100V

電阻 r（Ω）

交流電源
100W

負荷

電阻 r（Ω）

往返的電線產生的電力損失
$$= I^2 \times 2r$$
$$= 1^2 \times 2r \quad I=1A$$
$$= 2r（W）$$

變壓器使電壓上升、電流下降

0.1A、1000V

電阻 r（Ω）

交流電源
100W

負荷

電阻 r（Ω）

往返的電線產生的電力損失
$$= I^2 \times 2r$$
$$= 0.1^2 \times 2r \quad I=0.1A$$
$$= 0.02r（W）$$

電力損失較小！

● 配電：從發電廠將電配送到所需場所之意。
● 電力損失 $V_r \times I$ 的 V_r，不是整體的電壓，而是因電阻而下降的電壓，請特別注意。整體的電壓下降，V 的一部分有 V_r。

答案 ▶ ✕

Q 電線的粗細和長度為相同的情況下，相較於三相三線式400V的配
電方式，三相三線式200V的配電方式可以提供較大的電力。

. . . .

A 電線的粗細和長度為相同的情況下，表示電線的電阻相同時，電力
損失與電流的二次方成正比。此時電流沒有太大變動。電力＝電壓
× 電流的公式中，當電流一定，電壓為2倍時，電力也是2倍，可
以提供較大的電力（答案是×）。
三相三線式的情況下，三條線相位（phase）以120°的角度錯開，
傳送電流。電流為 I，各線的電阻為 r，焦耳熱產生的發熱損失為
$3 \times I^2 r$。

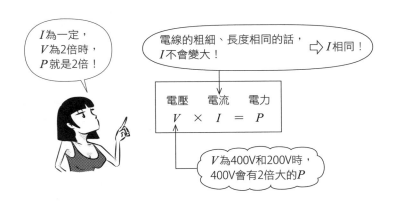

I為一定，
V為2倍時，
P就是2倍！

電線的粗細、長度相同的話，
I不會變大！   ⇨ I相同！

| 電壓 | 電流 | 電力 |
| V | × | I | = | P |

V為400V和200V時，
400V會有2倍大的P

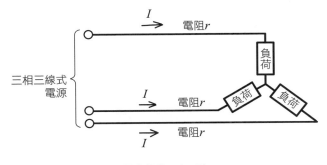

三相三線式
電源

電力損失＝$3 \times I^2 r$

Q 交流電流、電壓的均方根值（均方根：root mean square, RMS），以通過某電阻產生與之相同熱量的直流電流、電壓的值來表示。

....

A 如下圖所示，交流電的電流 i、電壓 v 時刻都在變化。由於正、負變化相同，取平均以 I 作為電流的代表值時，就是 0。

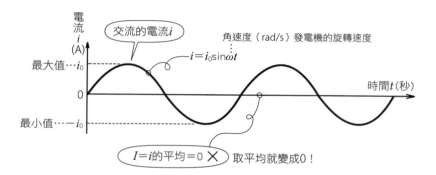

由於正負相消，取平均就會變成 0，將電流 i 取二次方，其平均以 $i_0^2/2$ 來考量。

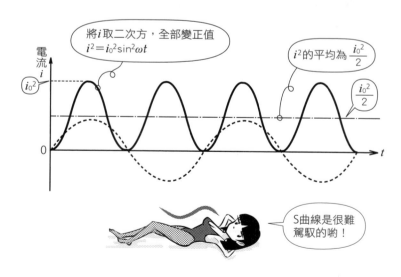

• $\sin\omega t$ 的二次方以 $\sin^2\omega t$ 表示，而不是 $(\sin\omega t)^2$。此外，若是 $\sin(\omega t)^2$，表示 $(\omega t)^2$ 取 sin 的意思。

....

下方為 i^2 的圖，若 A 往 A' 移動、B 往 B' 移動，i^2 與橫軸所圍的面積是相同的。i^2 圖的 sin 曲線與橫軸的面積，正好與平均 $i_0^2/2$ 的高度的面積相同。換言之，i^2 的平均就是 $i_0^2/2$。i^2 的平均值 $i_0^2/2$，替換成交流的均方根值 I 的二次方。I 的數值代表時刻都在變化的 i。

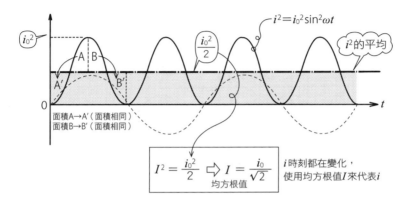

交流 i 由電阻 R 產生的熱，時刻都在變化，加總 i^2R，即（i^2 的平均）$\times R = (i_0^2/2)R$。直流 I 由電阻 R 產生的熱為 I^2R，兩者的熱相同，此時的 I 就是交流 i 的均方根值（答案是○）。

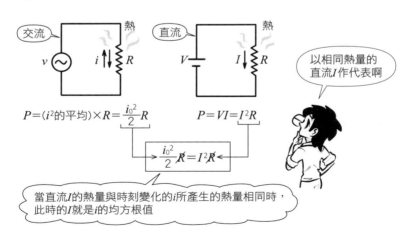

Q 家用插座的均方根值為交流的100V，可知最大電壓約141V、最小
　　為－141V。

....

A 前文是將時刻改變的電流 i，以一個均方根值 I 來代表。本節則是將
　　時刻改變的交流電壓 v，以一個均方根值 V 作代表。v 為 sin 曲線，
　　單純平均的話會變成0。

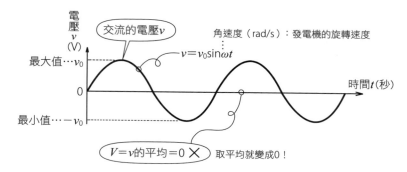

此時要取 v^2 全部變成正值，將曲線拉平。凹凸會因為 v^2 被填平而成
直線，高度就是最大值 v_0^2 的一半。$\frac{v_0^2}{2}$ 轉換成均方根值 V^2，可以
得到 $V=\frac{v_0}{\sqrt{2}}$ 。

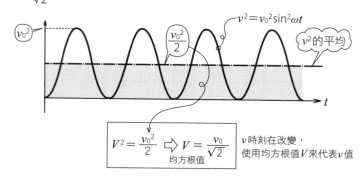

家用插座均方根值 $V=100V$，$100=v_0/\sqrt{2}$
∴ $v_0=\sqrt{2}\times100\fallingdotseq141V$，最小值為 $-v_0=-141V$（答案是○）。

$$VI=V\left(\frac{V}{R}\right)=\frac{V^2}{R}，\quad \frac{V^2}{R}=\frac{(v_0/\sqrt{2})^2}{R}=\frac{v^2 \text{的平均}}{R}$$

以放出相同熱量的直流電壓 V，來代表時刻變化的 v。

....

答案 ▶ ○

這裡整理一下交流的均方根值 V、I 與最大值 i_0、v_0 的關係。

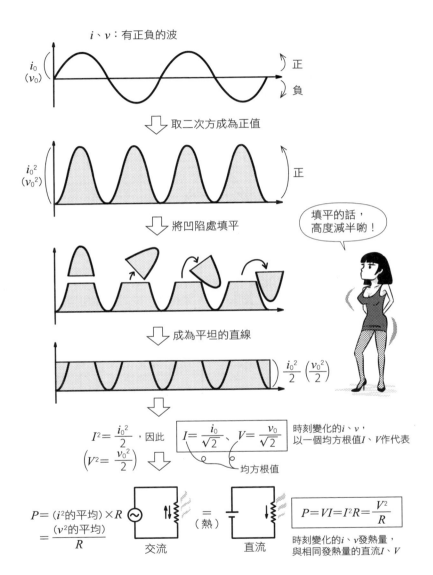

時刻變化的 i、v，以一個均方根值 I、V 作代表

$$I = \frac{i_0}{\sqrt{2}},\quad V = \frac{v_0}{\sqrt{2}}$$

$$P = VI = I^2 R = \frac{V^2}{R}$$

時刻變化的 i、v 發熱量，與相同發熱量的直流 I、V

Q 交流電的電流相位會與電壓錯開。

A 跟水壓高時的水流會較大一樣，通常電壓高時電流也較大，交流電則可能有落差。迴路只有電阻時，電流 i 與電壓 v 會有相同的波形。

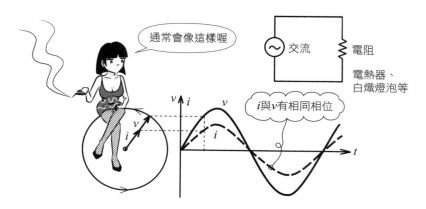

迴路有線圈時，變化的電壓 v 會產生逆向的電壓（自感應的啟動力）。因此，電流 i 的波形會比電壓 v 來得慢，使相位產生落差。

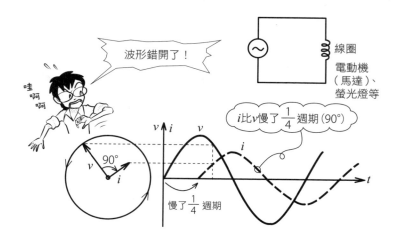

- 相位：$\sin\omega t$ 中的角度 ωt，稱為相位。有線圈時，相位為 $\omega t - \pi/2$。
- i 在 v 的右側，順序往前進，橫軸為 t（秒）。往右錯開多少時間，就表示差多少相位。

若迴路只有電容器，電流 i 流過時，電荷會蓄積在電容器，沒有 i 時電荷累積為最大，也就是電壓 v 最大的時候。電流 i 的波形會比電壓 v 走得快。

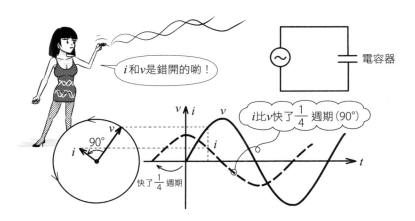

i 和 v 是錯開的喲！

電容器

i 比 v 快了 $\frac{1}{4}$ 週期（90°）

快了 $\frac{1}{4}$ 週期

同時有電阻、線圈、電容器的迴路，各自依據大小的不同，有不同的相位差 ϕ(phi)。一般來說，通常交流電的電壓 v 與電流 i 的波形都是錯開的（答案是○）。

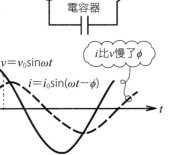

電阻

線圈

電容器

i 比 v 慢了 ϕ

$v = v_0 \sin \omega t$

$i = i_0 \sin(\omega t - \phi)$

慢了 ϕ

i 的錯開角度為 ϕ

答案 ▶ ○

8

電氣的基礎知識

Q 將交流瞬間的瞬間電力＝電流 × 電壓取平均值，可能會比均方根值的積 $V \times I$ 來得小。

....

A 時刻改變的電流 i 與電壓 v 的波形位置一致時，電力 $i \times v$ 就是均方根值的積 $V \times I$。$v = v_0 \sin\omega t$ 與 $i = i_0 \sin\omega t$ 相乘，以週期進行積分，再除以週期，就會得到 $V \times I$。

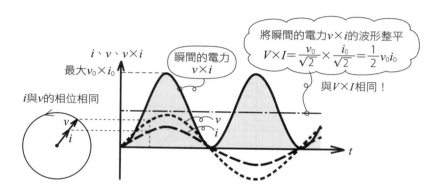

i 的相位與 v 錯開的話，$v \times i$ 的圖就會有負值的部分。$v \times i$ 進行積分，計算平均時，$\underline{V \times I \times \cos\phi}$，$\cos\phi$ 為 1 以下的係數。因此，會比 $V \times I$ 來得小（答案是○）。

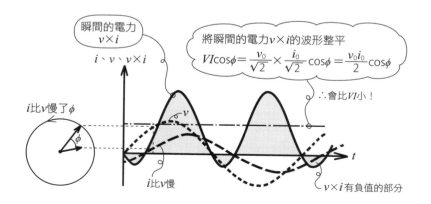

....

Q 功率因數是指在電力供給中負荷所消耗的比率，電流與電壓的相位相差 ϕ 時，就是 $\cos\phi$。

....

A 電流 i 的波形比 v 慢了 ϕ 的情況下，積分得出 $v \times i$ 的平均，成為 $V \times I \times \cos\phi$。這稱為<u>實功率</u>（real power），均方根值的積再乘上 $\cos\phi$，這個 $\cos\phi$ 就稱為<u>功率因數</u>（power factor）（答案是○）。<u>功率因數</u>意指有效使用電力的比率，i 與 v 的相位差角度 ϕ 越小，就越接近 1(100%)。

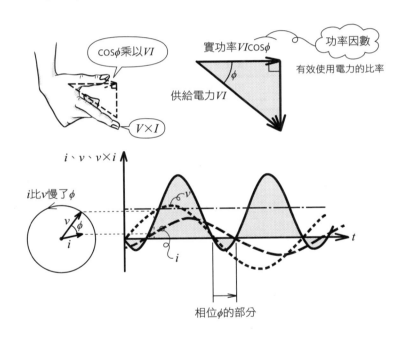

cosϕ乘以VI

$V \times I$

實功率$VI\cos\phi$

功率因數

有效使用電力的比率

供給電力VI

i、v、$v \times i$

i比v慢了ϕ

v

i

t

相位ϕ的部分

• 功率因數為 0.55(55%) 時，表示 VI 中有 55% 有效被利用，45% 則是浪費。浪費的 45%，在發電廠與使用地之間的往來之中被消耗掉了。若要達到節能的效果，必須進行功率因數的改善。

....

答案 ▶ ○

Q 功率因數是由實功率÷視在功率求得的比，表示電力公司供給的視在功率有多少是有效使用的數值。

A 供給的儀表可見電力稱為<u>視在功率</u>（apparent power），單位使用<u>VA</u>（volt-ampere，伏安）作為區別。沒有使用到的電力稱為<u>虛功率</u>（reactive power），單位為<u>Var</u>（volt-ampere-reactive，無功伏安）。實際上，VA、Var的單位與W（瓦特）相同，僅是為了與電力區別而使用的單位。<u>功率因數 cosφ</u> 是由實功率÷視在功率得出，表示所供給的視在功率中有多少是有效利用的數值（答案是○）。

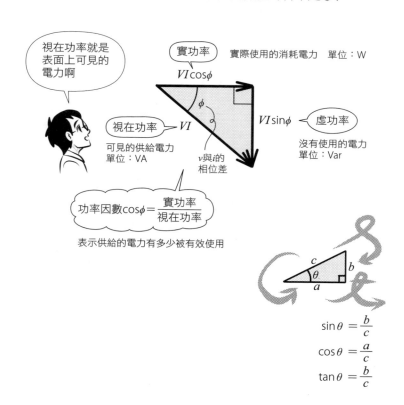

視在功率就是表面上可見的電力啊

實功率　實際使用的消耗電力　單位：W
$VI\cos\phi$

視在功率　VI
可見的供給電力
單位：VA

ϕ
v 與 i 的相位差

$VI\sin\phi$　虛功率
沒有使用的電力
單位：Var

功率因數 $\cos\phi = \dfrac{實功率}{視在功率}$
表示供給的電力有多少被有效使用

$$\sin\theta = \frac{b}{c}$$
$$\cos\theta = \frac{a}{c}$$
$$\tan\theta = \frac{b}{c}$$

答案 ▶ ○

Q 進相用電容器是以改善電動機等的功率因數為目的，與電動機等並
　聯接續的設備。

....

A 電動機（馬達）等有線圈的
　機器，電流的相位較慢。與
　電容器並聯時，相位會接近
　電壓，進而改善功率因數。
　這種電容器稱為<u>進相用電容
　器</u>（答案是○）。

> 機器中有線圈時，
> i的相位會比v慢！

電動機（馬達）
有許多線圈！

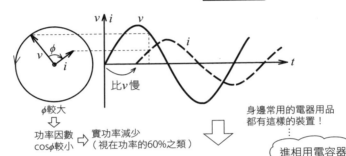

ϕ較大
⬇
功率因數　　實功率減少
$\cos\phi$較小 ⇨（視在功率的60%之類）

當電流的相位接近電壓時，
可以改善功率因數 $\cos\phi$，使
之接近1，增加實功率。

身邊常用的電器用品
都有這樣的裝置！

進相用電容器

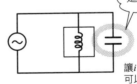

讓i的相位前進，
可以改善功率因數
$\cos\phi$！

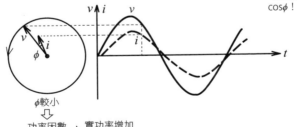

ϕ較小
⬇
功率因數　　實功率增加
$\cos\phi$較大 ⇨（視在功率的95%之類）

● 進相用電容器除了個別設置在機器中，也設置於引進高壓的變電設備。

....

答案 ▶ ○

Q 日本供給一般需電場所的電力，有低壓、高壓、特別高壓三種電壓，低壓在直流為750V以下、交流為600V以下。

....

A 日本供給需電場所的<u>電壓區分</u>，有<u>低壓</u>、<u>高壓</u>、<u>特別高壓</u>三種。低壓如下表，<u>直流為750V以下</u>、<u>交流為600V以下</u>（答案是○）。高壓則是超過低壓電壓，在<u>7000V以下</u>。

電壓區分

	直流	交流
低壓	750V以下	600V以下
高壓	超過750V、<u>7000V以下</u>	超過600V、<u>7000V以下</u>
特別高壓	超過7000V	

（日本電氣設備技術基準）

750V、600V以下
就是低壓喵

....

● 註：台灣一般分為低壓、高壓、特高壓、超高壓。

....

答案 ▶ ○

Q 電壓的分類中，超過7000V稱為特別高壓。

....

A 交流在7000V以下、超過600V者稱為高壓，超過7000V則稱為特別高壓（答案是○）。特別高壓的電是透過架設在鐵塔的輸電線輸送，高壓則是透過架設在電線桿的配電線進行輸送。發電廠送出的電，為了降低電線的負荷，藉由高壓輸送讓電流變少。在輸送的過程中，讓電壓逐漸下降，最後變成200V、100V，再送到各個家庭。需求量大的建物以6600V的高壓受電，在基地內進行變壓。

9

供電設備

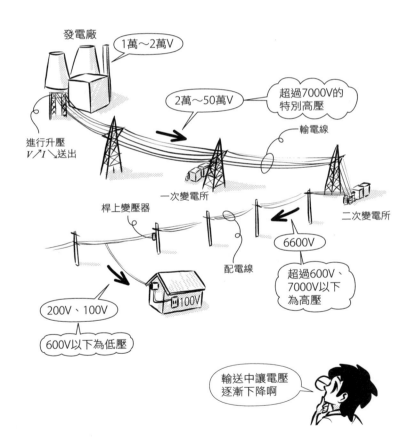

- 發電廠→二次變電所為送電，二次變電所→需電場所為配電。
- 除了大規模的工廠之外，建築設備的用電都來自配電線的6600V高壓。

....

答案 ▶ ○

Q 電力的供給中，契約電力在50kW以上時，家戶端必須設置受變電設備。

....

A <u>50kW（5萬W）</u>以上的契約，必須有<u>受變電設備</u>（配電箱）。由6600V的高壓受電，需要變壓成100V或200V的配線。引入獨棟住宅時，這項作業會由設置在電線桿上的<u>桿上變壓器</u>來進行。需求大的家戶，需要自行設置受變電設備，電費較便宜（答案是○）。

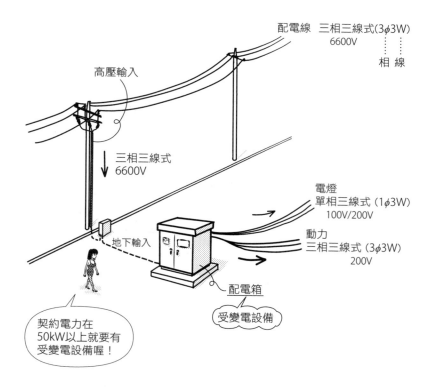

配電線　三相三線式(3φ3W)
6600V

相　線

高壓輸入

三相三線式
6600V

電燈
單相三線式 (1φ3W)
100V/200V

動力
三相三線式 (3φ3W)
200V

地下輸入

配電箱

受變電設備

契約電力在
50kW以上就要有
受變電設備喔！

....

答案 ▶ ○

Q 配電箱是金屬製的箱子，裡面收放用來進行高壓電之受電、變電、配電等作業的設備。

....

A 配電箱（cubicle）是用來收放高壓的受變電設備的金屬製箱子（答案是○）。有附屋頂的戶外型，以及放置在電氣室的室內型。也可稱為封閉式受變電設備。內部有開關裝置、變壓器、配線用遮斷器、電壓器、電流計、電力計、功率計等。高壓受變電設備除了配電箱之外，還有開放式受變電設備（無遮蔽式）。

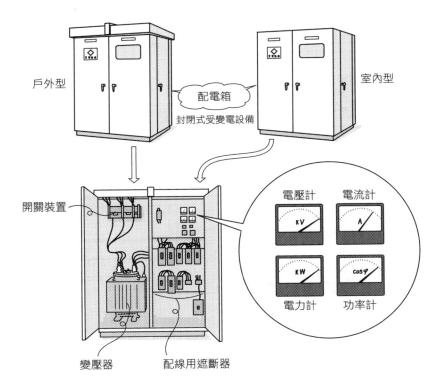

cubicle：原意為小房間

....

答案 ▶ ○

Q 受變電設備使用高效率變壓器，可以有效節能。

A 如下圖所示，變壓器鐵芯有線圈纏繞，電壓依線圈的數量改變。放入油中或以樹脂覆蓋進行絕緣。變壓器各處會發生能量損失，因此開發出鐵芯為非晶質合金製作的高效率變壓器，以減少損失。有節能、減少電費的效果（答案是○）。

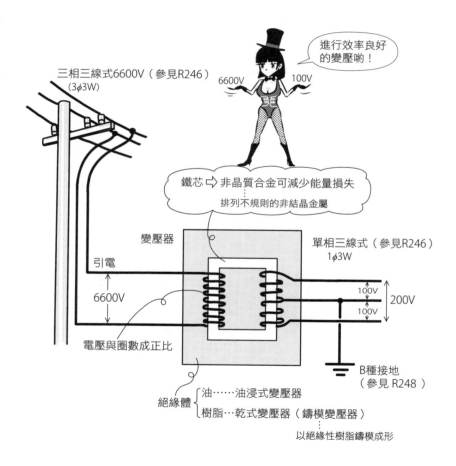

進行效率良好的變壓喲！

6600V　100V

三相三線式6600V（參見R246）
(3φ3W)

鐵芯 ⇨ 非晶質合金可減少能量損失
：
排列不規則的非結晶金屬

變壓器

引電

6600V

電壓與圈數成正比

單相三線式（參見R246）
1φ3W

100V　200V
100V

B種接地
（參見 R248）

絕緣體 ┌油……油浸式變壓器
　　　　└樹脂…乾式變壓器（鑄模變壓器）
　　　　　　　　　：
　　　　　　　以絕緣性樹脂鑄模成形

答案 ▶ ○

Q 1. 變壓器的損失有兩種，一是在無負載狀態下鐵芯產生無載損（鐵損），二是在負載狀態下線圈發生負載損（銅損）。

2. 受變電設備中，配合負載控制變壓器的數量，可以有效節能。

....

A 變壓器除了因電阻、發熱而產生的損失（銅損）之外，還有在無負載下只因電壓作用而產生的損失（鐵損）（**1**是○）。

變壓器的損失 ⎰ 無載損 ── 鐵損 … 一次側有電壓作用時就會在鐵芯發生。包含因鐵芯磁場改變所產生的損失，以及鐵芯產生渦狀電流的損失
⎱ 負載損 ── 銅損 … 有負載時（電流流過），在一次側、二次側線圈的電阻發熱所產生

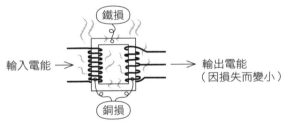

輸入電能 → [鐵損] [銅損] → 輸出電能（因損失而變小）

變壓器可藉由並聯運轉，在負載少的時候控制運轉數量，達到減少損失的功效（**2**是○）。

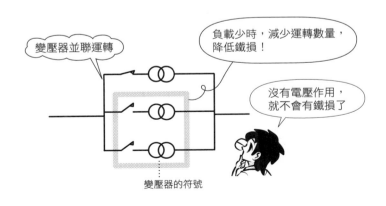

變壓器並聯運轉

負載少時，減少運轉數量，降低鐵損！

沒有電壓作用，就不會有鐵損了

變壓器的符號

....

答案 ▶ 1. ○ **2.** ○

9
供電設備

Q 點網路受電方式是著重電力供給的可靠度的受電方式。

....

A 配電線以多條迴線設置，可降低事故發生時的停電率。為了防止事故發生，設置多餘或重複的系統，使之有冗餘性（redundancy）。如下圖所示，代表性的電力供給包括以多條迴線平行設置的<u>點網路受電方式</u>，以及輪狀的<u>環形受電方式</u>（答案是○）。

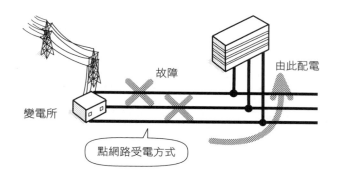

點網路受電方式

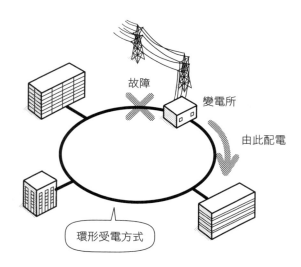

環形受電方式

● spot 有從當地的地方廣播電台播送或從地區變電所送電之意。spot broadcasting 為當地電台廣播，spot network 為當地網路、地區網路。

....

答案 ▶ ○

Q 緊急電源分為緊急電源專用受電設備、自家發電設備、蓄電池設備、燃料電池設備等四種。

A 火災時使用的各種滅火設備，如撒水器的泵浦等，有許多需要電的裝置。緊急電源是日本消防法的用語，如下圖所示，從①緊急電源專用受電設備、②自家發電設備、③蓄電池設備、④燃料電池設備等四個類型中，依所需的消防設備來做選擇（答案是○）。除了①之外，都可以在停電時進行電源切換。

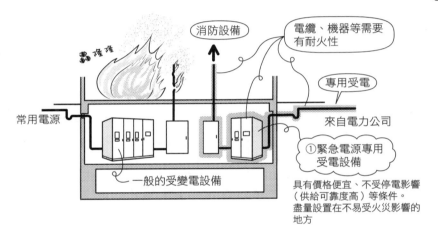

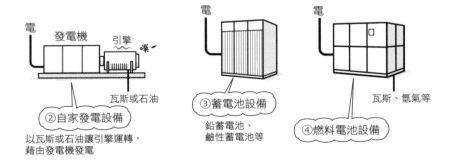

● 在日本建築基準法中稱為「予備電源」（備用電源）。

答案 ▶ ○

9
供電設備

Q 自家發電設備是不使用蓄電池的緊急電源，從常用電源停電到建立電壓的所需時間必須在40秒以內。

....

A <u>緊急電源的自家發電設備</u>，在常用電源失去作用的 <u>40秒以內</u>，必須建立、投入電壓（答案是○）。若超過40秒，就要改用蓄電池設備，或與之並用。

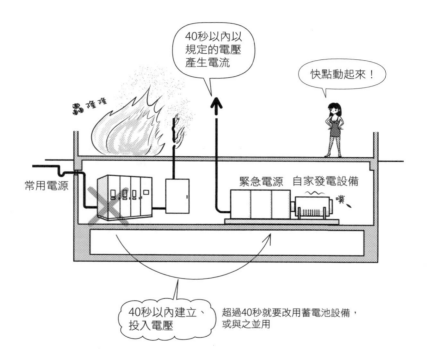

40秒以內以規定的電壓產生電流

快點動起來！

常用電源

緊急電源　自家發電設備

轟隆隆

40秒以內建立、投入電壓

超過40秒就要改用蓄電池設備，或與之並用

....

答案 ▶ ○

Q 一般來説，自家發電設備設置的微型燃氣渦輪發動機，發電效率比柴油引擎高。

....

A 如下圖所示，<u>燃氣渦輪發動機</u>（gas turbine engine）是以燃燒瓦斯的膨脹能量，讓渦輪機運轉的發動機。燃料有石油和瓦斯兩種。<u>燃氣引擎</u>是使用天然氣、丙烷等作為燃料的引擎。<u>微型燃氣渦輪發動機</u>是小型的燃氣渦輪機，與柴油引擎或燃氣引擎相比，<u>發電效率較低</u>（答案是×）。

9 供電設備

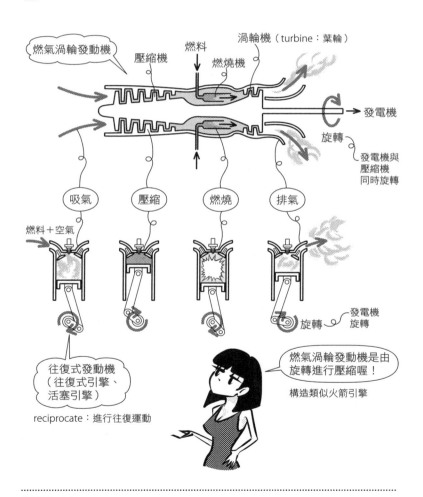

燃氣渦輪發動機

壓縮機

燃料

燃燒機

渦輪機（turbine：葉輪）

發電機

旋轉

發電機與壓縮機同時旋轉

吸氣　壓縮　燃燒　排氣

燃料＋空氣

旋轉　發電機旋轉

往復式發動機（往復式引擎、活塞引擎）

reciprocate：進行往復運動

燃氣渦輪發動機是由旋轉進行壓縮喔！

構造類似火箭引擎

....

答案 ▶ ×

Q 汽電共生系統是可以將發電所伴隨的排熱，有效利用於熱水供給的系統。

....

A 汽電共生系統（co-generation system）是同時產生電與熱，並加以利用的系統（答案是○）。瓦斯或石油讓引擎運轉發電，排熱可以用於冷暖氣或熱水供給。

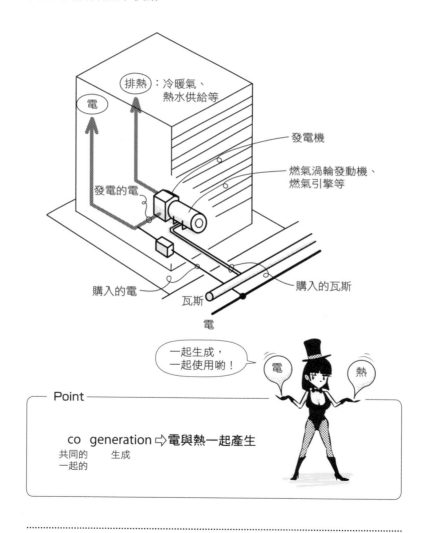

Point

co　generation ⇨ 電與熱一起產生
共同的　　生成
一起的

答案 ▶ ○

Q **1.** UPS為不斷電系統，停電時暫時供應OA機器等電力的裝置。
　　2. CVCF為定壓定頻裝置，用以讓OA機器等電壓與頻率維持一定
　　　的裝置。

....

A 電腦、伺服器、路由器、電話、傳真機等OA機器（辦公室自動化
機器），若是電源下降而造成電壓或頻率改變會很麻煩。此時以蓄
電池儲存電，連結至停電時馬上可以供電的 UPS（uninterruptible
power system，不斷電系統），以及對於電壓或頻率的變動有反應，
可以使之維持在定值的 CVCF（constant voltage constant frequency，
定壓定頻）（**1**、**2**是○）。UPS和CVCF一般與設備一體化裝置。

9

供電設備

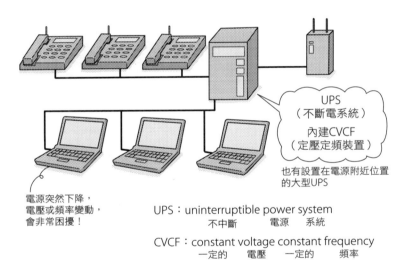

UPS
（不斷電系統）

內建CVCF
（定壓定頻裝置）

也有設置在電源附近位置
的大型UPS

電源突然下降，
電壓或頻率變動，
會非常困擾！

UPS：uninterruptible power system
　　　不中斷　　　電源　系統

CVCF：constant voltage constant frequency
　　　　一定的　　電壓　一定的　　頻率

....

答案 ▶ **1.** ○　　**2.** ○

Q 小規模的獨棟住宅，屋內的配電方式是使用單相二線式100V或單相三線式100V/200V。

....

A 波形只有一個的交流電是<u>單相交流</u>，為低壓配電用。發電廠生產的交流電為<u>三相交流</u>，表示相位是以1/3錯開的三個波形，送電及馬達運轉時有較佳的效率。到住宅之前再以電線桿轉成單相輸入電力。
如下圖所示，<u>單相二線式</u>（1φ2W）是以＋100V的線與0V的線進行配線。<u>單相三線式</u>（1φ3W）則是以＋100V、0V、－100V的三條線進行配線，可以提供100V、200V的電壓（答案是○）。

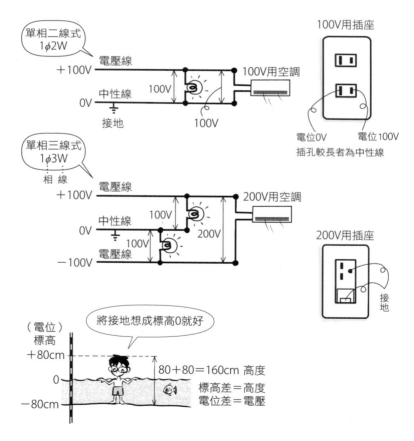

● 1φ2W的φ是相、W是線的意思。

....

答案 ▶ ○

Q 小規模的辦公大樓中，電燈、插座用幹線的電氣方式，是使用單相三線式 100V/200V。

....

A 發電廠生產的電，是以 1/3 週期錯開傳送的<u>三相交流</u>。以120°的角度置於線圈，中央的磁石旋轉進行發電，產生三個不同相位的波。三相交流是以三條線進行傳送，可以節省輸電線。此外，這種方式也利於馬達運轉，工廠等都是直接引用三相交流。另一方面，獨棟住宅是從電線桿引入<u>單相交流</u>（1φ）。<u>單相三線式</u>（1φ3W）可以很簡單地選擇要用 100V 或 200V，常用於獨棟住宅和小規模辦公大樓（答案是○）。

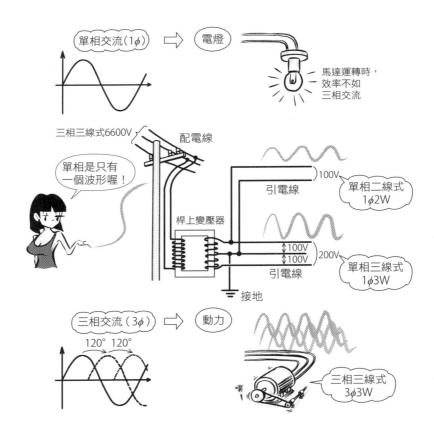

9
供電設備

....

答案 ▶ ○

Q 日本接地工程中，根據接地工程的對象設施、接地電阻值和接地線粗細的不同，分為A種接地、B種接地、C種接地和D種接地四種。

A 為了防止漏電所引起的觸電或火災、排除靜電、避免雷擊、穩定電子機器的電壓、維持變壓器低壓側的中性點（0V）等，會進行<u>接地工程</u>。接地工程包括<u>A種至D種</u>。依據不同的對象設施、電阻值、接地線粗細等來決定（答案是○）。

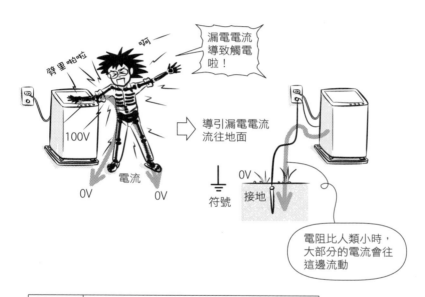

工程種類	接地的設備等	
A種接地	高壓或特別高壓用設備的外箱或鋼構的接地	高壓 or 特別高壓
B種接地	高壓或特別高壓與低壓結合的變壓器的 中性點接地	
C種接地	超過300V的低壓用設備的外箱或鋼構的接地	低壓
D種接地	300V以下的低壓用設備的外箱或鋼構的接地	

● 註：台灣分為特種接地、第一種接地、第二種接地、第三種接地，各有不同的適用場所、電阻值和接地導線。

答案 ▶ ○

Q 300V以下的低壓用機器的鋼構接地，以C種接地工程進行。

....

A 600V以下的交流低壓的接地，<u>超過300V是C種接地</u>，<u>300V以下則是D種接地</u>（答案是×）。

低壓的接地有C和D，D是300V以下喔！

| C種接地 | <u>超過300V</u>的低壓用設備的外箱或鋼構的接地 |
| D種接地 | <u>300V以下</u>的低壓用設備的外箱或鋼構的接地 |

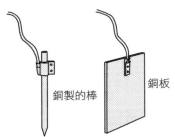

銅製的棒　　銅板

・從地表面<u>75cm以下</u>的深度
・為了讓電容易通過，需要含有<u>水分</u>的場所
・為了避免腐蝕，需要<u>不含酸</u>的場所

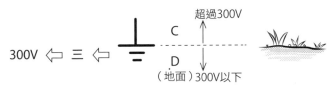

超過300V
C
300V ⇐ 三 ⇐
D
（地面）300V以下

從接地符號的三條線聯想到300V　　CD是以D（地面）在下

....

右側：10　配線設備

Q 將高壓轉低壓的變壓器中，在低壓側（二次側）的電線進行接地，
為 B 種接地工程。

....

A 要將 6600V 的高壓轉換成 100V 或 200V 的低壓，需要使用變壓器。
為了讓低壓側的一根電線變成 0V 而進行接地，稱為 B 種接地工程
（答案是○）。以前曾因颱風後桿上變壓器漏水，一次側 6600V 的電
流流到二次側，而發生死亡事故。自此之後，高壓與低壓混合設置
時，高壓電流被賦予必須進行接地的義務，讓電流流往地面。B 種
接地不只要維持 0V，也擔負防止混合設置事故的重要角色。

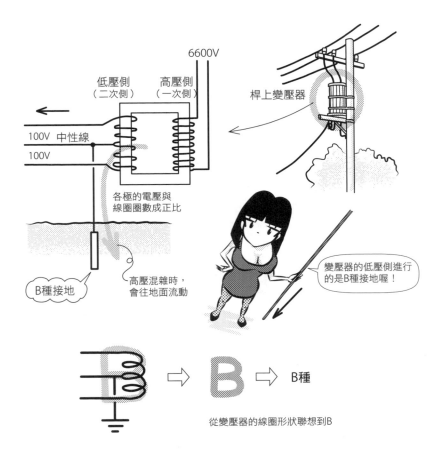

從變壓器的線圈形狀聯想到 B

....

答案 ▶ ○

Q 插座的接地側電源可以作為機器的接地使用。

A 插座的接地側（電壓0V側），絕
對不能插入洗衣機等的接地線
（答案是×）。應該使用<u>附接地
端子插座</u>，與接地極連結。

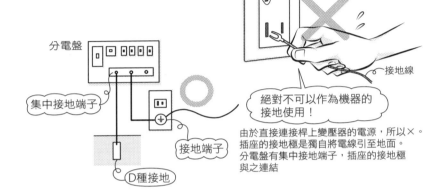

較長的插孔是接地側
的電源

非接地側

接地線

絕對不可以作為機器的
接地使用！

分電盤

集中接地端子

接地端子

D種接地

由於直接連接桿上變壓器的電源，所以×。
插座的接地極是獨自將電線引至地面。
分電盤有集中接地端子，插座的接地極
與之連結

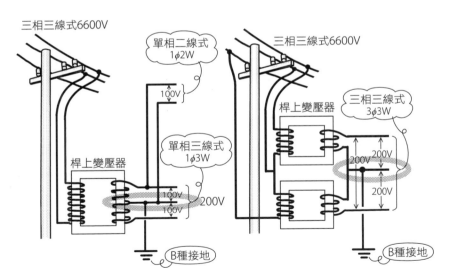

三相三線式6600V

單相二線式
1φ2W

100V

單相三線式
1φ3W

桿上變壓器

100V
100V　200V

B種接地

三相三線式6600V

桿上變壓器

三相三線式
3φ3W

200V
200V
200V
200V

B種接地

● B種接地的0V電位，一般使用白色電線。

答案 ▶ ×

10

配線設備

Q 為了防止高壓機器造成觸電，必須進行B種接地工程。

....

A 超過600V的高壓機器，必須進行<u>A種接地工程</u>（答案是×）。
這裡再把A種至D種好好記下來吧。

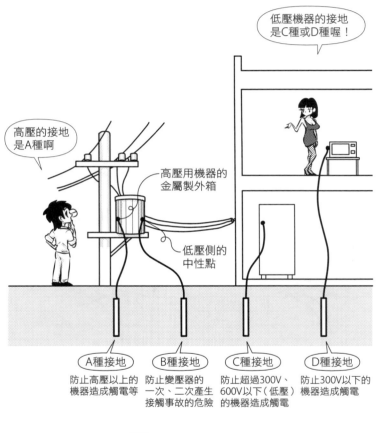

高壓的接地
是A種啊

低壓機器的接地
是C種或D種喔！

高壓用機器的
金屬製外箱

低壓側的
中性點

A種接地	B種接地	C種接地	D種接地
防止高壓以上的機器造成觸電等	防止變壓器的一次、二次產生接觸事故的危險	防止超過300V、600V以下（低壓）的機器造成觸電	防止300V以下的機器造成觸電

B ⇨ B ⇨ B種　　　≡ ⇨ 三 ⇨ 300V

....

Q 1.避雷設備中，保護角法的突針部位的保護角，依建物高度和功能而異。

2.鋼骨鋼筋混凝土造的建築物中，不能使用結構體的鋼骨替代避雷設備的引電導線。

....

A 避雷設備也是接地的一種。建物高度超過20m時，就有義務設置。避雷針的保護角為25°～55°，依建物高度和功能（保護層級）而異（**1**是○）。此外，結構體鋼骨和鋼筋的斷面積在一定值以上者，可以作為避雷設備使用（**2**是×）。

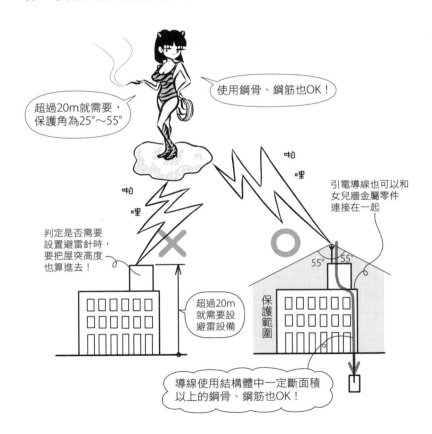

使用鋼骨、鋼筋也OK！

超過20m就需要，保護角為25°～55°

啪哩

啪哩

引電導線也可以和女兒牆金屬零件連接在一起

判定是否需要設置避雷針時，要把屋突高度也算進去！

超過20m就需要設避雷設備

保護範圍

55°　55°

導線使用結構體中一定斷面積以上的鋼骨、鋼筋也OK！

10

配線設備

● 屋突的高度和緩時，不適用於避雷設備。雷會從高處毫不留情地打下來。

....

答案 ▶ 1. ○ 　2. ×

Q 住宅中容易接觸的白熾燈、螢光燈，供電的屋內電路，對地電壓要在150V以下。

....

A 人們容易接觸的設備的屋內配線，為了降低危險，對地電壓要在150V以下（答案是〇）。常以手觸碰的照明用屋內配線，一般來說，對地電壓在100V以下。

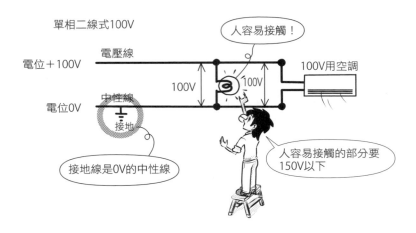

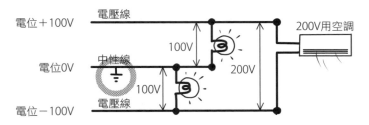

....

答案 ▶ 〇

Q 1. 電氣室的配置要讓負載的路徑變短。

2. 分電盤要設置在靠近負載中心，容易維護、檢查的地方。

A 從電氣室的配電盤以 EPS（electric pipe space，電氣管道間）為幹線貫穿，分散至各層的分電盤與負載連結。負載的路徑太長時，初期的配線費用較高，電力損失也較大。為了讓負載的路徑盡量縮短，電氣室、EPS 的位置等都要經過設計。此外，EPS 要靠近門，分電盤要在容易維護、檢查的地方（**1**、**2** 都是○）。

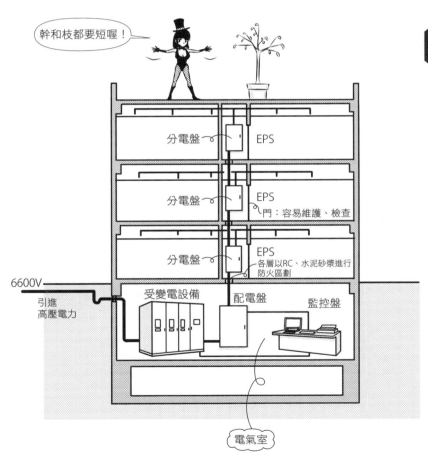

- 包含受變電設備整體，都可稱為配電盤。

Q 若為租賃辦公室，EPS的檢查應該在走廊等共用部分就可以進行。

A 若是將EPS的檢查設計在收租部分的租賃辦公室，每次都要取得房客的同意。此時應該如下圖所示，以在共用部分的走廊就可以進行檢查的方式，設計EPS與門扇的位置（答案是○）。

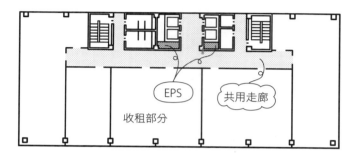

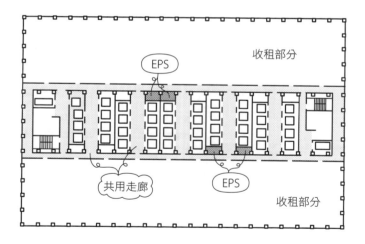

答案 ▶ ○

Q 分電盤中分歧迴路的數量，依建築物的規模和負載而異。

A 下圖是一般家庭用的<u>分電盤</u>。分配電氣的盤中，各迴路會設置<u>配線用斷路器</u>（遮斷器），整體也會設置<u>漏電斷路器</u>、<u>安培斷路器</u>（限幅器〔limiter〕）。各分歧迴路是分配12～15A左右，所以設置15A等的配線用斷路器。分歧迴路的數量會依建築物的規模和負載而異（答案是○）。

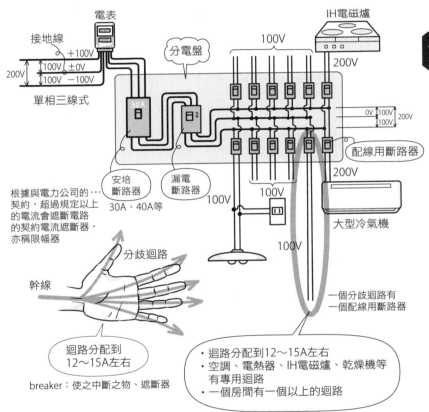

接地線
電表
分電盤
IH電磁爐
100V
＋100V
200V
100V ±0V
100V －100V
200V
單相三線式
0V 100V
100V 200V
30A
配線用斷路器
200V
根據與電力公司的…
契約，超過規定以上
的電流會遮斷電路
的契約電流遮斷器，
亦稱限幅器
安培斷路器
30A、40A等
漏電斷路器
100V
100V
大型冷氣機
分歧迴路
幹線
100V
一個分歧迴路有
一個配線用斷路器
迴路分配到
12～15A左右
breaker：使之中斷之物、遮斷器
· 迴路分配到12～15A左右
· 空調、電熱器、IH電磁爐、乾燥機等
  有專用迴路
· 一個房間有一個以上的迴路

10
配線設備

答案 ▶ ○

Q 漏電斷路器（漏電遮斷器）是往返的電流差在一定值以上時，進行電路遮斷的機器。

....

A 自來水管線有孔洞時，水會慢慢漏掉，電流也是一樣。電氣製品或電路若是有未絕緣的部分，就會從該處漏電。回來的電流與出去的相比，舉例來說若不足50mA，電路就會進行遮斷，這就是<u>漏電斷路器（漏電遮斷器）</u>（答案是○）。<u>安培斷路器（安培遮斷器）</u>是以整體的流量來判斷，比方說電流超過30A以上就會進行遮斷。分歧迴路的<u>配線用斷路器（配線用遮斷器）</u>，則是以各迴路的流量來判斷。<u>斷路器</u>英文breaker的break有破壞、中斷之意，coffee break是指中斷會議等來喝杯咖啡。電氣的breaker是讓電路中斷的機器，稱為<u>斷路器（遮斷器）</u>。

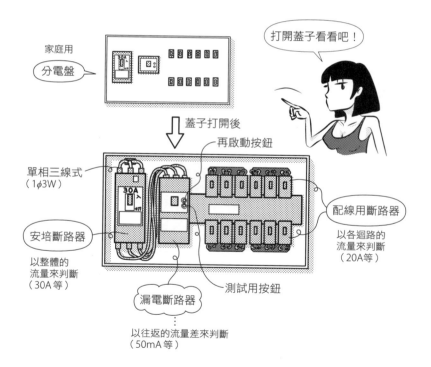

家庭用
分電盤

打開蓋子看看吧！

蓋子打開後

再啟動按鈕

單相三線式
（1φ3W）

30A

配線用斷路器

以各迴路的
流量來判斷
（20A等）

安培斷路器

以整體的
流量來判斷
（30A等）

漏電斷路器

測試用按鈕

以往返的流量差來判斷
（50mA等）

....

Q 1. 分電盤的各個斷路器，都兼作開關器和遮斷器。
　2. 配線用斷路器的額定電流，在設定上比電線的容許電流來得小。

A 各個斷路器都有電流過大或漏電時可切斷的遮斷器，以及 ON–OFF 的開關器（**1** 是○）。配線用斷路器的額定電流，是設定一個在一定時間內有數倍的電流流過時，就會進行切斷的電流值。一定時間常為 2 分鐘或 60 分鐘等，因為當電燈等的開關啟動時，瞬間會有較大的電流流過，若此瞬間電流被遮斷會很困擾。此外，為了不讓電線燒壞，遮斷器所設定的額定電流必須比電線的容許電流來得小（**2** 是○）。

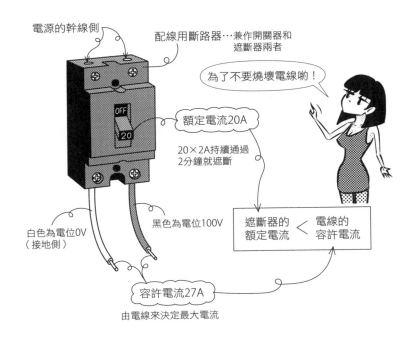

電源的幹線側

配線用斷路器…兼作開關器和
遮斷器兩者

為了不要燒壞電線喲！

額定電流20A

20×2A持續通過
2分鐘就遮斷

白色為電位0V
（接地側）

黑色為電位100V

遮斷器的　　＜　電線的
額定電流　　　　容許電流

容許電流27A

由電線來決定最大電流

10

配線設備

Q 圖示符號標示，配電盤為 ▭◣，分電盤為 ▭◳▭，控制盤為 ▭◪▭。

A 配電盤、分電盤、控制盤的符號如下圖所示，答案是×。符號有點相似，容易混淆，在這裡記下來吧。

配電盤： ▭◳▭　　往分電盤的幹線，讓電分歧供給的盤

分電盤： ▭◣　　插座、照明器具等構成的末端迴路，讓電分歧供給的盤

控制盤： ▭◪▭　　使用馬達等動力的迴路，讓電分歧、控制供給的盤

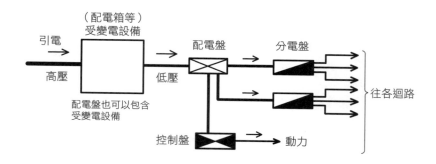

引電 →
高壓

（配電箱等）
受變電設備

配電盤也可以包含
受變電設備

低壓 →

配電盤

分電盤

控制盤 → 動力

往各迴路

Q 低壓屋內配線中，在幹線分歧的情況下，每個分歧的電線都要設置斷路器（開關器＋過電流遮斷器）。

A 幹線分歧的情況下，從分歧點的幾 m 以下要設置斷路器，都已經規定好了（答案是○）。下圖舉公寓為例，幹線的每個分歧點都要設置斷路器。末端的斷路器可放置在分電盤中。

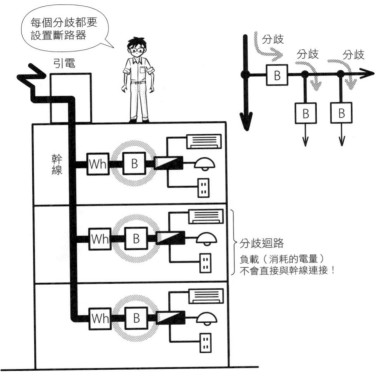

Wh：電度表（箱型）、非箱型為 (Wh)
　　Wh為瓦時（電量的單位，參見R223）

B：斷路器
漏電斷路器為 E，電動機用斷路器為 B̃ 或 B M
只有開關器為 S

Wh：watt-hour、B：breaker、E：earth、M：motor、S：switch

答案 ▶ ○

Q 低壓屋內配線的電纜線架，可以用來鋪設絕緣電線。

....

A 如字面所示，電纜線架（cable rack）是承載電纜的架子。絕緣電線是導體有做絕緣的電線，電纜則是將電線集中包覆的護套。導體的周圍是用聚氯乙烯絕緣的 IV（indoor polyvinyl chloride insulated wire，室內用聚氯乙烯絕緣電線），兩根聚氯乙烯絕緣電線的外側再加上平型 VVF 電纜（vinyl insulated vinyl sheathed flat cable，平型聚氯乙烯絕緣及被覆電纜）的護套，就形成電纜。因此，電纜線架不會承載絕緣電線（答案是 ╳）。絕緣電線不會直接接觸建築物。屋內配線一般都是使用電纜。

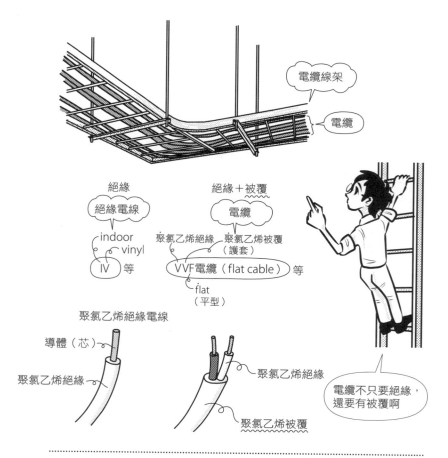

Q 匯流排導管配線方式適合用在大容量幹線。

....

A 金屬導管跟空調的風管一樣是金屬製的管、筒，用來收納電纜。匯流排導管（bus duct）是以金屬板作為電的導體，周圍用樹脂絕緣，再放入金屬導管的設備。一般來説，滿載粗電纜的幹線部分會整理乾淨確保安全，且易於維護檢修（答案是○）。

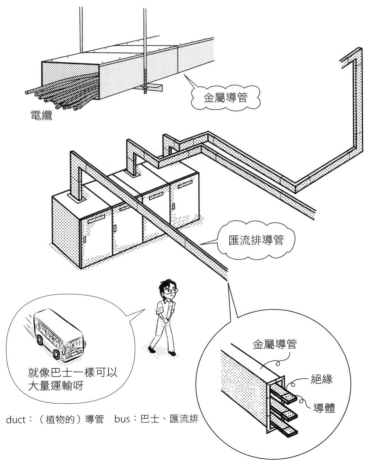

金屬導管

電纜

匯流排導管

10

配線設備

就像巴士一樣可以大量運輸呀

金屬導管

絕緣

導體

duct：（植物的）導管　bus：巴士、匯流排

特別高壓（超過7000V）、高壓（超過600V、7000V以下）、低壓（600V以下）用等，有各式各樣的匯流排導管

....

答案 ▶ ○

Q 地板下導管是設置在地板下的供排水設備。

A 如下圖所示，<u>地板下導管</u>是在地板下的混凝土內埋設電纜用的導管（答案是 ✕）。

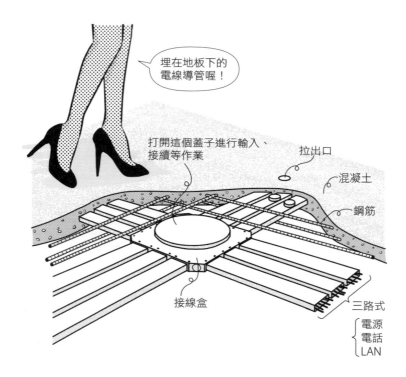

duct：原意是植物輸送水和養分的導管

Q 多孔金屬地板導管是設置在地板下的空調設備。

....

A 如下圖所示，多孔金屬地板導管（cellular metal floor duct）是利用鋼承鈑（deck plate，波紋鋼板）的溝槽作為電線用的導管（答案是×）。空調用的風道稱為風管，收納電線的筒稱為導管。duct（風管、導管）的原意是植物輸送水和養分的導管。

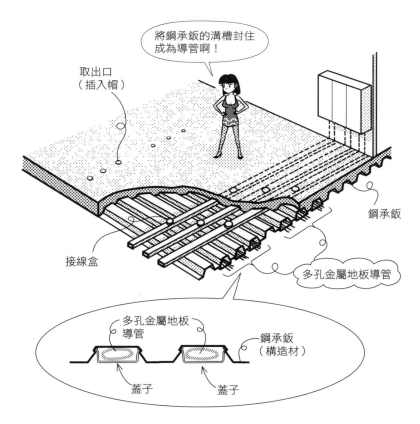

將鋼承鈑的溝槽封住成為導管啊！

取出口
（插入帽）

鋼承鈑

接線盒

多孔金屬地板導管

多孔金屬地板
導管

鋼承鈑
（構造材）

蓋子   蓋子

cellular：細胞狀的、多孔的

● 鋼承鈑以鋼板凹凸彎折製成，常作為S造、SRC造的地板構造。多孔金屬地板導管亦稱多孔鋼承鈑。

....

答案 ▶ ×

Q 活動地板（OA地板）可將地板的一部分拆卸進行配線，易於變更
電腦等終端機器的設置位置。

....

A 如下圖所示，<u>活動地板</u>（<u>OA地板</u>）為雙層地板，利用地板空隙裝
設電纜（答案是○）。為了降低成本，也可使用<u>地毯下配線方式</u>。

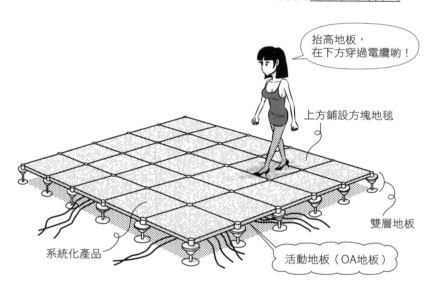

抬高地板，
在下方穿過電纜喲！

上方鋪設方塊地毯

雙層地板

系統化產品

活動地板（OA地板）

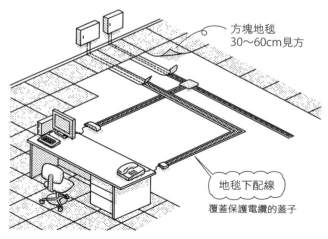

方塊地毯
30～60cm見方

地毯下配線

覆蓋保護電纜的蓋子

....

答案 ▶ ○

Q 低壓屋內配線工程所使用的金屬管，可以「埋設在混凝土內」或者「露出或隱蔽地鋪設在濕氣較多的場所」。

....

A 金屬管的配線可以埋設在混凝土內，或者鋪設在濕氣多的地方（答案是○）。放置電線的導線管除了金屬管之外，還有硬質聚氯乙烯導線管（VE管）、蛇紋狀的合成樹脂可撓導線管（PF管〔plastic flexible conduit〕、CD管〔combined duct conduit〕）等。

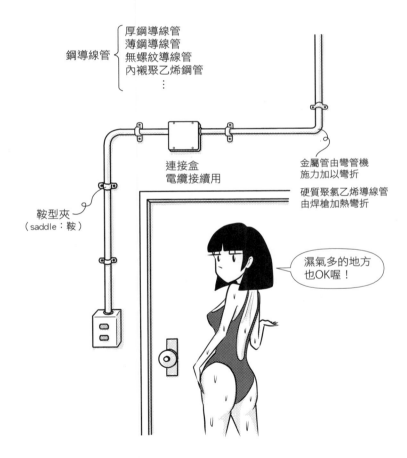

鋼導線管 ｛ 厚鋼導線管
薄鋼導線管
無螺紋導線管
內襯聚乙烯鋼管
⋮

連接盒
電纜接續用

鞍型夾
（saddle：鞍）

金屬管由彎管機
施力加以彎折

硬質聚氯乙烯導線管
由焊槍加熱彎折

濕氣多的地方
也OK喔！

10

配線設備

....

答案 ▶ ○

Q 1. 低壓屋內配線中，合成樹脂可撓管也可以埋設在混凝土中。

2. 合成樹脂可撓管的CD管、PF管之中，PF管具有自熄性，耐燃性佳。

....

A 合成樹脂製的可彎曲（可撓的）管，通常先埋設在混凝土中，之後再將電氣電纜穿過去（**1**是○）。CD管、PF管之中，PF管具有良好的耐燃性，也可以露出使用（**2**是○）。

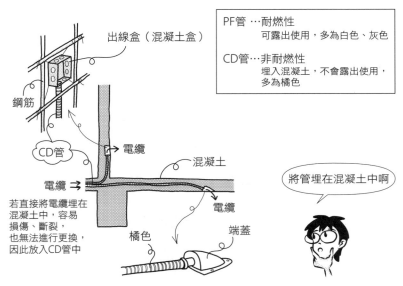

PF管 …耐燃性
　　　　可露出使用，多為白色、灰色

CD管…非耐燃性
　　　　埋入混凝土，不會露出使用，
　　　　多為橘色

出線盒（混凝土盒）

鋼筋

CD管　電纜

電纜 ➔

若直接將電纜埋在
混凝土中，容易
損傷、斷裂，
也無法進行更換，
因此放入CD管中

混凝土

電纜

橘色　端蓋

將管埋在混凝土中啊

CD：combined duct
　　複合的　導管

PF： plastic　flexible conduit
　　合成樹脂的 可撓的　導管

....

答案 ▶ 1. ○　　2. ○

Q 同一導線管內收納的電線數量越多，電線各自的容許電流越大。

....

A 電線放入導線管中，電纜也進行被覆的情況下，熱不易逃離。因此規定放入電線的數量在三根以下時，每根電流為容許電流的0.7倍，四根為0.63倍，五根、六根則為0.56倍。放入越多電線，容許電流越受限制（答案是×）。平型電纜（VVF電纜）也有被覆，容許電流比電線更受限制。

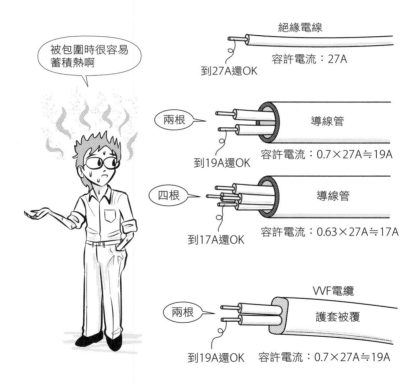

Q 辦公大樓辦公室裡的OA用插座，每1m²的負荷密度為50VA/m²。

....

A <u>負荷密度</u>為電力負荷的面積密度，表示每1m²使用多少電力的值。<u>以視在功率計算</u>，單位使用VA，故為<u>VA/m²</u>，也可使用W/m²。辦公室每1m²是30～50VA（答案是○）。

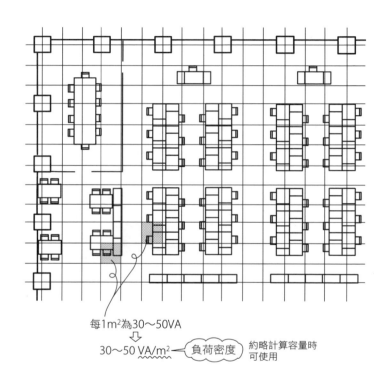

每1m²為30～50VA
⇩
30～50 VA/m² ── 負荷密度)　約略計算容量時可使用

● 30～50VA/m²為插座的容量，除此之外還有一般動力、空調動力的容量也是必要的。

....

答案 ▶ ○

Q 負荷率為相對於「某期間的最大需求電力」,「該期間的平均需求電力」的比率。

....

A 平均需求電力/最大需求電力,「平均」是「最大」的多少,稱為負荷率(答案是○)。平均與最大越接近,也就是負荷率距離1(100%)越近時,表示沒有尖峰,是用電的最佳情況。

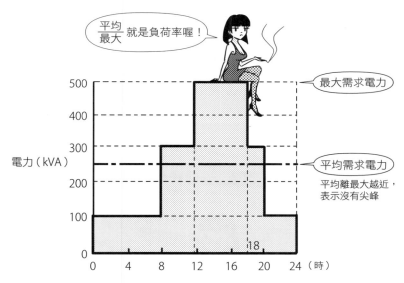

$$每日平均負荷 = \frac{(100 \times 8) + (300 \times 4) + (500 \times 6) + (300 \times 2) + (100 \times 4)}{24}$$
$$= 250(kVA)$$

$$每日\,負荷率 = \frac{平均需求電力}{最大需求電力} = \frac{250}{500} = 50\%$$ 平均為最大的50%

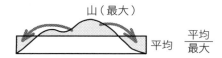

....

答案 ▶ ○

Q 1. 需用率為「最大需求電力」除以「負荷設備容量」的值。
　　2. 辦公室設置100個100W的照明器具，若同時使用80個，需用率
　　　　就是80%。

....

A <u>需用率</u>是以加總各設備的容量所得的<u>負荷設備容量</u>為分母，分子則
　　是使用時的最大負荷，即<u>最大需求電力</u>，所形成的比率（**1**是○）。

有100個100W，即10000W＝10kW，器具的負荷合計為10kW。
這之中有80個，即8000W＝8kW為最大同時使用數量時，需用率
就是8kW除以10kW為80%（**2**是○）。

$$需用率＝\frac{100W×80個}{100W×100個}＝\frac{8kW}{10kW}＝80\%$$

需用率是最大的
同時使用率喔！

相同器具下

最大80%開燈

Point

負荷密度＝$\dfrac{合計}{面積}$

負荷率＝$\dfrac{平均}{最大}$

需用率＝$\dfrac{最大}{合計}$

....

答案 ▶ 1. ○　　2. ○

Q 以光束法進行整體照明的照度計算時，室指數 R 是以作業面到照明器具的高度 H(m)、房間的寬度 x(m) 和深度 y(m) 所組成，

以 $R = \dfrac{x \times y}{H \cdot (x+y)}$ 表示。

....

A 以光束法進行整體照明的照度計算，要先求得室指數。單從房間大小、照射面到照明器具之間的高度等尺寸所計算的指數，

以 $R = \dfrac{x \times y}{H \cdot (x+y)}$ 表示（答案是○）。室指數與天花板、牆壁的反射率，可以求出照明的光（光束，即光通量，單位為 lm〔流明〕）有多少是有效的照明率。

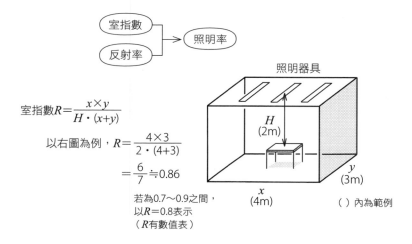

室指數 $R = \dfrac{x \times y}{H \cdot (x+y)}$

以右圖為例， $R = \dfrac{4 \times 3}{2 \cdot (4+3)}$

$= \dfrac{6}{7} \fallingdotseq 0.86$

若為0.7～0.9之間，
以$R = 0.8$表示
（R有數值表）

照明器具

H
(2m)

y
(3m)

x
(4m)

（）內為範例

10

配線設備

● 關於光束、照度等的光單位，請參見拙作《圖解建築物理環境入門》。

....

答案 ▶ ○

Q 以光束法進行整體照明的照度計算時，要考慮天花板面和牆面等的光反射率。

....

A 反射率是指有多少％的光進行反射的比率，數值越高表示桌面上的照度越大。知道室指數與反射率之後，就可以從數值表求得照明率。照明率是照明器具的光束有多少是垂直到達桌面的比率，有表格可以從不同照明器具的室指數與反射率求得照明率（答案是○）。

①室指數 ⇨ ②反射率 ⇨ ③照明率…照明器具的光束有多少到達桌上的比率

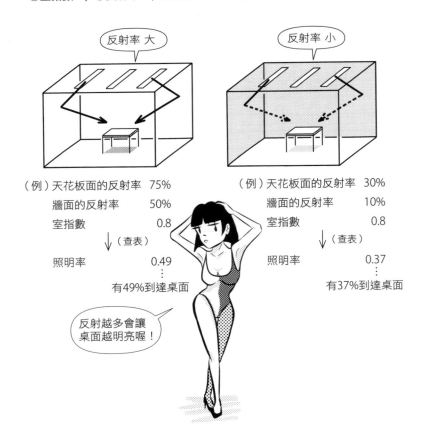

反射率 大

反射率 小

（例）天花板面的反射率　75%
　　　牆面的反射率　　　50%
　　　室指數　　　　　　0.8
　　　↓（查表）
　　　照明率　　　　　　0.49
　　　　　　　⋮
　　　　　有49%到達桌面

（例）天花板面的反射率　30%
　　　牆面的反射率　　　10%
　　　室指數　　　　　　0.8
　　　↓（查表）
　　　照明率　　　　　　0.37
　　　　　　　⋮
　　　　　有37%到達桌面

反射越多會讓桌面越明亮喔！

....

答案 ▶ ○

Q 以光束法進行整體照明的照度計算時，維護率是燈具經過數年劣化或灰塵等因素，表示照明器具光束減少程度的數值。

··

A 維護率（維護因數）是照明器具因灰塵、髒污、經年劣化等因素，光束減少多少的比率（答案是○）。打掃、燈具更換等維護和檢修會產生補正係數。

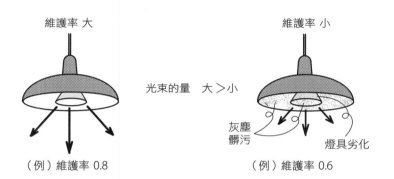

維護率 大　　　　　　　　　　　　　　維護率 小

光束的量　大＞小

灰塵
髒污

燈具劣化

（例）維護率 0.8　　　　　　　　（例）維護率 0.6

直接晝光率的計算中，維護率是玻璃經過打掃後，有多少光可以通過的比率。

玻璃的維護率 大　　　　　　　　　　玻璃的維護率 小

直接晝光率　大＞小

直接晝光率＝立體角投射率×穿透率× 維護率 ×有效面積率

有多少%的光　　玻璃的透明度　　多少%的窗戶面積
透過玻璃　　　　有多少%是　　　　能有效讓光透過
　　　　　　　　維持乾淨狀態呢

● 直接從窗戶進入的晝光所產生的照度為直接照度，此時的晝光率稱為直接晝光率。關於直接晝光率，請參見拙作《圖解建築物理環境入門》。

··

答案 ▶ ○

10

配線設備

Q 以光束法進行整體照明的照度計算，如下所示。

$$照度(lx) = \frac{燈具的數量 \times 燈具的光束(lm) \times 維護率 \times 照明率}{室面積}$$

A 桌子等的面，其單位面積接受光束的量，用來表示明亮度者為<u>照度</u>，以<u>入射光束/面積</u>來計算。燈具的數量 × 燈具的光束 × 維護率，可以得到燈具發出的光束量。再乘上照明率之後，可以求出到達作業面高度的總光束量。照度是光束的密度，再除以全部的面積就可以了（答案是○）。這項計算得到的是假設在均一光源照明下的平均照度。

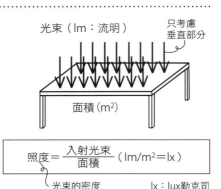

光束（lm：流明）　　　只考慮垂直部分

面積（m²）

$$照度 = \frac{入射光束}{面積} \quad (lm/m^2 = lx)$$

光束的密度　　　　lx：lux勒克司

- 室指數 $= \dfrac{x \times y}{H \cdot (x+y)} = \dfrac{4 \times 3}{2 \cdot (4+3)}$

  $= \dfrac{6}{7} \fallingdotseq 0.86 \longrightarrow$ 由表可知為0.8

- 天花板的反射率75%、牆面的反射率50%
- 照明率0.49（得自室指數與反射率）
- 維護率0.8（維護良好）

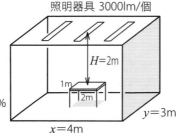

照明器具 3000lm/個

$H=2m$

1m

2m

$y=3m$

$x=4m$

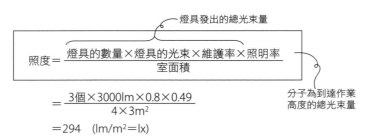

燈具發出的總光束量

$$照度 = \frac{燈具的數量 \times 燈具的光束 \times 維護率 \times 照明率}{室面積}$$

分子為到達作業高度的總光束量

$$= \frac{3個 \times 3000lm \times 0.8 \times 0.49}{4 \times 3m^2}$$

$$= 294 \quad (lm/m^2 = lx)$$

Q 地板面積為100m²的房間，以1至5的條件計算作業面的平均照度，約為320lx。

1. 照明器具：螢光燈32W 2燈用　　2. 照明器具設置台數：20台
3. 32W 螢光燈具總光束：3500lm/燈　　4. 照明率：0.65
5. 維護率：0.7

....

A ①燈具的數量×燈具的光束是在全新且打掃完美的狀態下，得到燈具所發出的瞬間光束量。考量髒污和劣化等，燈具發出的瞬間光束量②，是以① × 維護率計算。在②之中，到達桌面的光束量③，是由高度 H、寬度 x、深度 y、反射率所決定。由此得出照明率，以② × 照明率計算。照度是光束的密度，因此再由③ ÷ 面積就能求得。

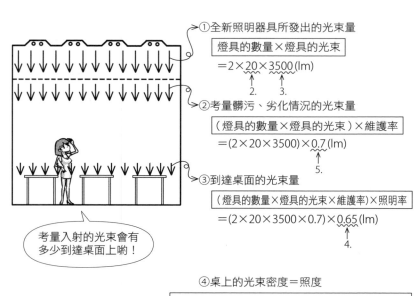

①全新照明器具所發出的光束量

燈具的數量×燈具的光束

$=2\times20\times3500\text{(lm)}$
　　2.　　3.

②考量髒污、劣化情況的光束量

（燈具的數量×燈具的光束）×維護率

$=(2\times20\times3500)\times0.7\text{(lm)}$
　　　　　　　　　　5.

③到達桌面的光束量

（燈具的數量×燈具的光束×維護率）×照明率

$=(2\times20\times3500\times0.7)\times0.65\text{(lm)}$
　　　　　　　　　　　　4.

考量入射的光束會有多少到達桌面上喲！

④桌上的光束密度＝照度

$$照度 = \frac{燈具的數量×燈具的光束×維護率×照明率}{室面積}$$

$$= \frac{2\times20\times3500\times0.7\times0.65\text{(lm)}}{100\text{ (m}^2)}$$

$$=637\text{(lm/m}^2=\text{lx)}$$

（答案是×）

....

答案 ▶ ×

Q A類火災是木、紙等的普通火災，B類火災是電氣火災，C類火災
則是油類火災。

....

A <u>A類火災是木、紙等燃燒的普通火災，B類火災是油類火災，C類
火災則是電氣火災（答案是✕）。</u>

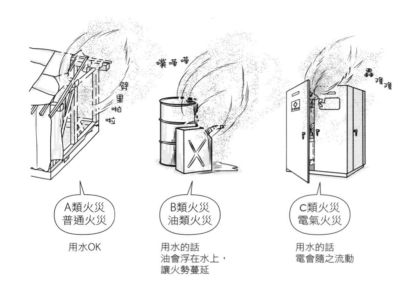

A類火災
普通火災

用水OK

B類火災
油類火災

用水的話
油會浮在水上，
讓火勢蔓延

C類火災
電氣火災

用水的話
電會隨之流動

C ⇨ 電氣火災為C類火災

從電流的流動形狀聯想到C

● 註：台灣的火災分類除了上述的A類、B類、C類之外，還有D類火災（金屬火
災）。

....

Q 室內消防栓設備是會自動感應火災，進行撒水滅火的設備。

A 室內消防栓設備是由居住者手動進行滅火的設備（答案是×）。首先①按壓啟動鈕，打開蓋子，②一人手持噴嘴，③另一人打開開關閥。

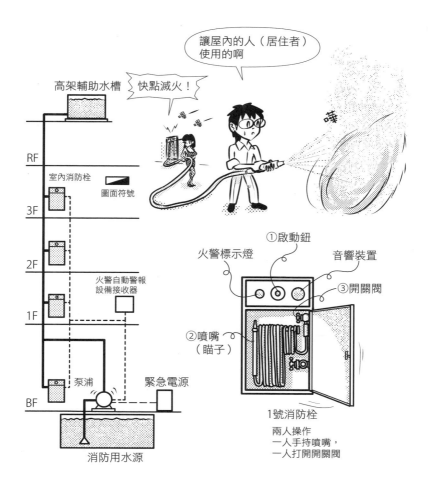

11

Q 室內消防栓設備中，2號消防栓警戒區域是在水平距離15m以內。

A <u>1號消防栓以半徑25m</u>、<u>2號消防栓以半徑15m</u>的圓，涵蓋在平面圖上就 OK。不是實際步行的距離，而是平面圖上的水平距離25m、15m（答案是○）。2號消防栓是一人就能使用的設備，所以水平距離較短。

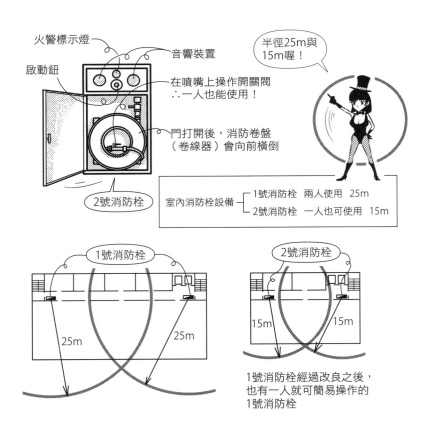

半徑25m與15m喔！

火警標示燈
音響裝置
啟動鈕
在噴嘴上操作開關閥
∴一人也能使用！
門打開後，消防卷盤
（卷線器）會向前橫倒
2號消防栓

室內消防栓設備 ┬ 1號消防栓　兩人使用　25m
　　　　　　　　└ 2號消防栓　一人也可使用　15m

1號消防栓　　　　　　　　2號消防栓

25m　　　25m　　　　　15m　　　15m

1號消防栓經過改良之後，
也有一人就可簡易操作的
1號消防栓

答案 ▶ ○

Q 密閉型撒水設備是會自動感應火災，進行撒水滅火的設備。

A 撒水設備是在火災發生時自動感應並撒水的滅火設備，對於初期滅火最有效，可靠度也高（答案是○）。密閉型撒水設備（密閉式噴灑器）、開放型撒水設備（開放式噴灑器）的不同在於噴頭（撒水部位的前端），一個是對大氣封閉，一個則是開放。

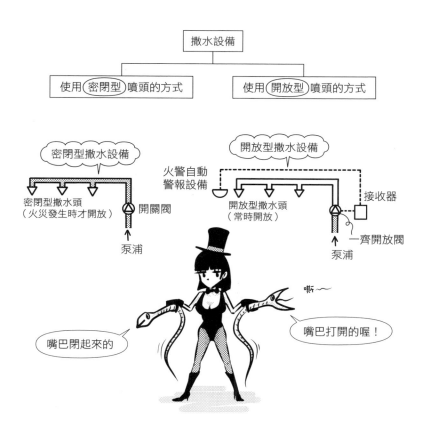

11

消防設備

Q 密閉型撒水設備分為濕式、乾式、預動式三種。

A <u>密閉型撒水設備</u>有三種，若到噴頭都有水就是<u>濕式</u>，從開關閥到噴頭為壓縮空氣者則是<u>乾式</u>，乾式再加上設置感應器和自動開放閥就是<u>預動式</u>（答案是○）。

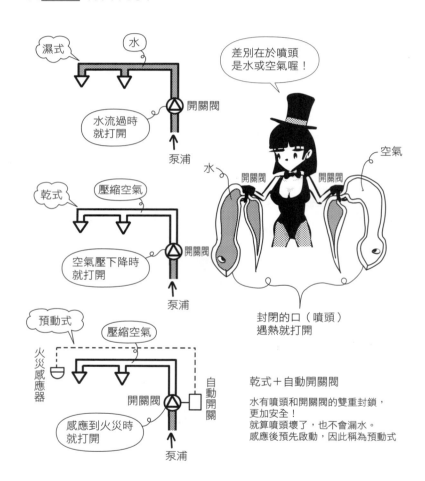

濕式

水

差別在於噴頭
是水或空氣喔！

開關閥

水流過時
就打開

泵浦

乾式

壓縮空氣

開關閥

空氣壓下降時
就打開

泵浦

空氣

水

開關閥

開關閥

封閉的口（噴頭）
遇熱就打開

預動式

壓縮空氣

火災感應器

開關閥

自動開關

感應到火災時
就打開

泵浦

乾式＋自動開關閥

水有噴頭和開關閥的雙重封鎖，
更加安全！
就算噴頭壞了，也不會漏水。
感應後預先啟動，因此稱為預動式

答案 ▶ ○

Q 水噴霧滅火設備不適合用來撲滅油類火災。

A 撒水設備的水會讓油類火災的油浮在上方，讓火勢擴大，用於電氣火災也會使電繼續流動，相當危險。<u>水噴霧滅火設備</u>是水的微粒子以噴霧狀噴出，水的微粒子遇到火災的熱會瞬間蒸發，將熱帶走。此外，也會遮斷空氣，阻斷氧氣。這種<u>冷卻效果</u>與<u>窒息效果</u>可以用來撲滅油類火災和電氣火災（答案是 ╳）。

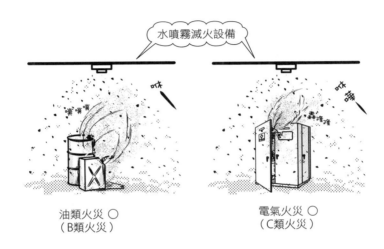

水噴霧滅火設備

油類火災 ○
（B類火災）

電氣火災 ○
（C類火災）

11

消防設備

Q 泡沫滅火設備是以泡沫覆蓋在燃燒面上，阻斷空氣供給的同時，以冷卻效果進行滅火，是很有效的油類火災滅火設備。

A 泡沫滅火設備是以泡沫達到窒息效果和冷卻效果的滅火方式，對於普通火災（A類火災）和油類火災（B類火災）很有效（答案是○）。可使用於停車場等處的火災（油類火災）。電會通過泡沫，所以不適合用在電氣火災（C類火災）。

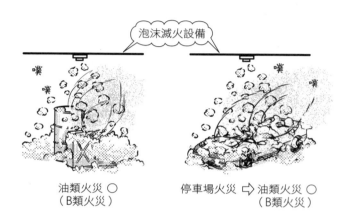

泡沫滅火設備

油類火災 ○　　　停車場火災 ⇨ 油類火災 ○
（B類火災）　　　　　　　　　（B類火災）

Q 1. 惰性氣體滅火設備不適用於電氣火災。
2. 放出二氧化碳的惰性氣體滅火設備，適合用在平時沒人的空間。

A 惰性氣體滅火設備是藉由排放二氧化碳、氮氣、氬氣等惰性氣體（不會燃燒的氣體），排擠氧氣，以窒息效果滅火的方式。由於對人體有毒，適合用在沒有人且不能產生水損害的電氣室、電腦室、閉架書庫等（**1**是×，**2**是○）。鹵素化合物會破壞臭氧層，現今已不再使用。

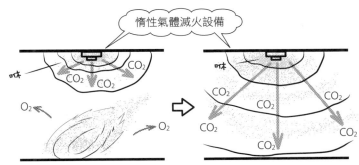

惰性氣體（二氧化碳CO_2、氮氣N_2、氬氣Ar等）
會排擠氧氣（O_2），撲滅火勢。
惰性氣體亦稱非活性氣體（inert：非活性的）

不得有水損害 & 沒有人

電氣室　　　電腦室　　　閉架書庫

CO_2具有麻醉性，
非常危險

11
消防設備

答案 ▶ 1. ×　2. ○

Q 粉末滅火設備是使用細微的粉末藥劑，不會結凍，適合寒冷地區。

A 粉末滅火設備的粉末滅火劑，在分解時所產生的二氧化碳，以及覆蓋在燃燒物表面時的窒息效果，可以撲滅火勢。對於油類火災（B類火災）、電氣火災（C類火災）都有效，依據成分不可使用在普通火災（A類火災）。可使用於停車場、飛機機庫、電氣室、鍋爐室等。沒有用水，不必擔心結凍，適用於寒冷地區（答案是○）。

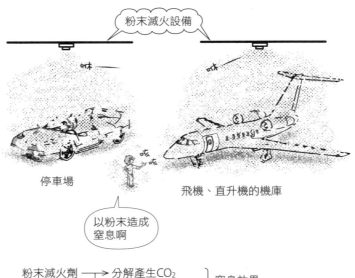

粉末滅火設備

停車場

飛機、直升機的機庫

以粉末造成窒息啊

粉末滅火劑 ──→ 分解產生CO_2
　　　　　 └─→ 覆蓋在燃燒物表面 ｝窒息效果

飛機、直升機的機庫
一定規模以上的停車場、汽車修理廠 ｝→ 有義務設置粉末滅火設備
一定規模以上的電氣室、鍋爐室

答案 ▶ ○

Q 連結送水管的放水口，是為了讓建築物使用者在火災的初期階段，可以直接進行滅火行動而設置。

··

A <u>連結送水管</u>是與消防泵浦車的水帶連結，進行送水的管線，供消防隊使用的設備（答案是×）。消防隊利用<u>緊急用昇降機</u>（平常可作為一般使用）到上層，放水口與水帶連結進行滅火。

連結送水管是消防隊用的！

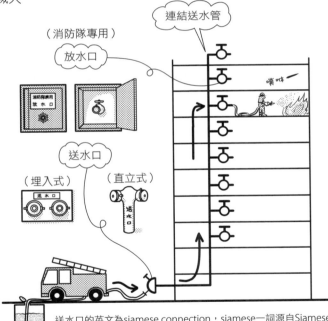

連結送水管

（消防隊專用）
放水口

消防隊專用 放水口

送水口

（埋入式）　（直立式）

送水口

送水口的英文為siamese connection，siamese一詞源自Siamese twins（暹羅雙胞胎，1811年誕生於暹羅的近代著名連體嬰）。
在消防設備中，siamese connection指兩口成對的送水口。
日本消防法規定須為兩口。切換泵浦時，有兩口比較順利。

11

消防設備

··

答案 ▶ ×

Q 連結撒水設備是在地下室發生火災時，將設置在天花板的撒水頭，
與消防泵浦車的送水口通過配管進行送水滅火的設備。

A 連結撒水設備是用來連結消防泵浦車的水帶與室內撒水頭的設備。
在煙霧和熱容易蓄積的地下層或地下街等，消防隊不易進入，因此
設置連結撒水設備（答案是○）。

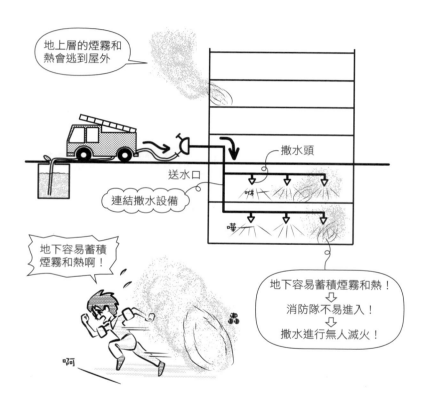

整理一下截至目前所介紹的滅火設備。下列八種具代表性的滅火設備，先記住各自的效果吧。

	普通火災 （A類火災）	油類火災 （B類火災）	電氣火災 （C類火災）	電氣火災 是C類火災
室內消防栓設備	○	× （會擴散）	× （會導電）	居住者使用 1號消防栓：兩人，25m 2號消防栓：一人，15m

撒水設備	○	×
		（會擴散）
			×
			（會導電）
				密閉型 ┬ 濕式
				     ├ 乾式
				     └ 預動式
				開放型

水噴霧滅火設備	○	○	○	
泡沫滅火設備	○	○	× （會導電）	
惰性氣體滅火設備	△ （對人體有害）	○	○	平時有人在的空間×
粉末滅火設備	△ （視成分而定）	○	○	依據成分，A類火災×
連結送水管	○	× （會擴散）	× （會導電）	以消防泵浦車送水 消防隊使用
連結撒水設備	○	× （會擴散）	× （會導電）	以消防泵浦車送水 地下層、地下街○

11

消防設備

Q 1. 火警自動警報設備是會自動感測到熱或煙，再透過接收器、音響
　　　裝置等發出警報的設備。
　　2. 火警自動警報設備的發信機，是透過手動將火災警報發送給接收
　　　器。

....

A 火警自動警報設備是以<u>偵測器</u>自動感應到火災發生，手動按下<u>發信</u>
<u>機</u>將信號傳送至<u>接收器</u>，接收器以<u>標示燈</u>、<u>警鈴</u>等通知，啟動滅火
設備，並向消防隊進行通報的設備（**1**、**2**是○）。

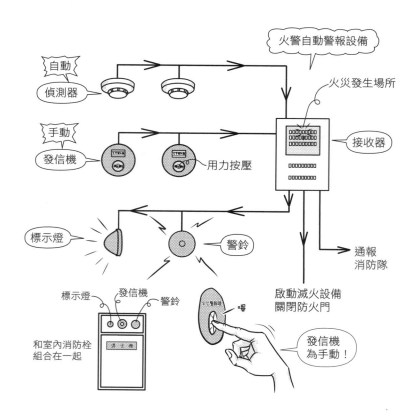

● 火警自動警報設備的配線，不能和其他配線設置在同一個配管內。其他配線的
　規格與火災的要求不同。

....

答案 ▶ 1. ○　　2. ○

Q 火警自動警報設備的煙霧偵測器，對煙有反應，對熱不會有反應。

A 如下圖所示，火警自動警報設備的偵測器包括<u>煙霧偵測器</u>、<u>熱偵測</u><u>器</u>、<u>火焰偵測器</u>，各自只對煙霧、熱、火焰有反應（答案是○）。
一般起居室會使用煙霧偵測器，廚房等有煙霧的空間使用熱偵測
器，煙霧和熱難以到達、天花板較高的房間則是使用火焰偵測器。

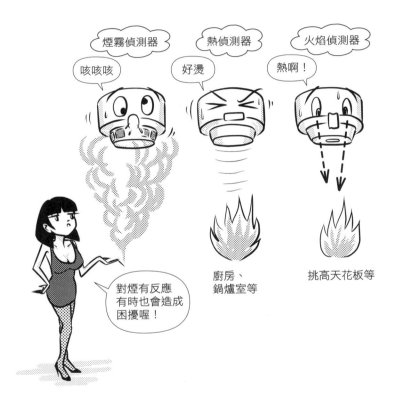

煙霧偵測器

咳咳咳

熱偵測器

好燙

火焰偵測器

熱啊！

對煙有反應
有時也會造成
困擾喔！

廚房、
鍋爐室等

挑高天花板等

11

消防設備

答案 ▶ ○

Q 1. 火警自動警報設備的定溫式熱偵測器，會在周圍溫度上升到一定
比率時啟動。

2. 火警自動警報設備的差動式熱偵測器，會在周圍溫度上升到一定
值以上時啟動。

A 定溫式熱偵測器是在一定的溫度，例如80℃就會啟動的偵測器。
差動式熱偵測器則是在一定時間內的溫度差達一定以上時，例如
30秒以內上升20℃以上就會啟動的偵測器。空調等花費數分鐘上
升20℃不會啟動，針對急速上升時才會有反應。**1**、**2**的說明是相
反的（**1**、**2**是×）。

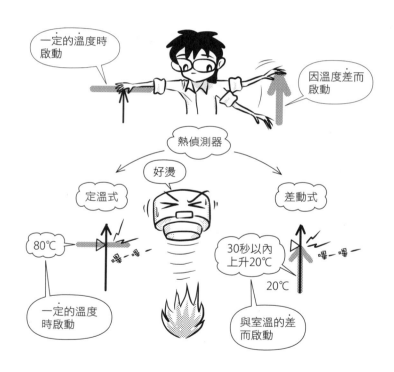

• 定溫式是和緩的溫度上升，差動式為急速上升，也有綜合兩者的補償式偵測器。

答案 ▶ **1.** × 　**2.** ×

Q 煙霧偵測器有固定型與分離型，熱偵測器則有固定型與分布型。

....

A 煙霧偵測器有設置在數個點位（spot）的固定型，以及分為送光部、受光部進行偵測的<u>分離型</u>。此外，熱偵測器也有點位設置的<u>固定型</u>，以及空氣管覆蓋在整個房間的<u>分布型</u>（答案是○）。兩者一般多是固定型。

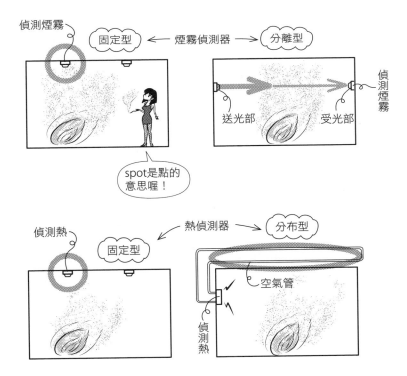

Q 各種偵測器的圖面符號，如下所示。

固定型煙霧偵測器	S
差動式固定型熱偵測器	⌒

A <u>固定型煙霧偵測器、定溫式固定型熱偵測器、差動式固定型熱偵測器的圖面符號</u>，如下所示。請好好記住三個熱偵測器符號的差異（答案是○）。

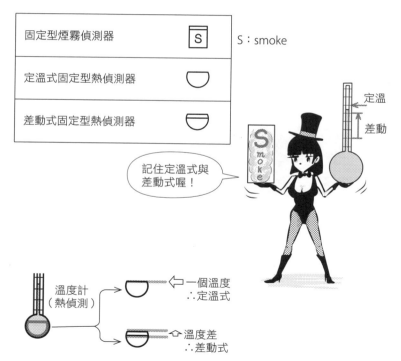

固定型煙霧偵測器	S	S：smoke
定溫式固定型熱偵測器	⌒	
差動式固定型熱偵測器	⌒	

定溫
差動

記住定溫式與差動式喔！

溫度計
（熱偵測）

← 一個溫度
∴定溫式

← 溫度差
∴差動式

從溫度計的球聯想到圓，一根橫線是定溫，兩根是差動

答案 ▶ ○

Q 緊急警報設備是透過火災偵測和音響裝置，自動進行通報的設備。

....

A 緊急警報設備是藉由按壓按鈕，讓緊急警鈴響起的裝置（答案是
×）。依據建物（日本消防法中係指防火對象物）的用途、規模，
有不同的設置義務。若有火警自動警報設備，就可免除設置按壓式
緊急警鈴。此外，收容人數較多，有地下層或無窗層的情況下，有
義務設置廣播設備。

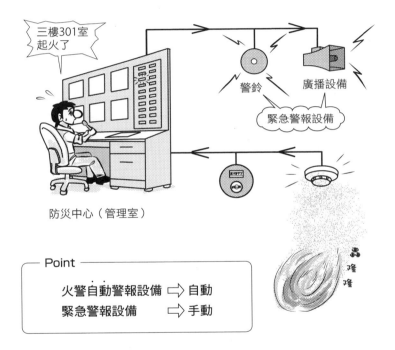

三樓301室起火了

警鈴　　　廣播設備

緊急警報設備

11

消防設備

防災中心（管理室）

┌─ Point ─────────────────┐
│　　　火警自動警報設備 ⇨ 自動 │
│　　　緊急警報設備　　 ⇨ 手動 │
└────────────────────────┘

轟隆隆

....

答案 ▶ ×

Q 緊急警報設備的緊急警鈴，距離音響裝置的中心1m的位置必須有90dB以上的音壓。

....

A 緊急警報設備的警報音，依規定從緊急警鈴的中心<u>距離1m的位置必須有90dB以上</u>的音壓（答案是○）。

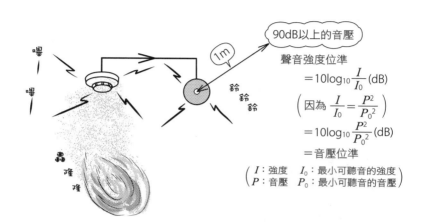

90dB以上的音壓

聲音強度位準

$$=10\log_{10}\frac{I}{I_0}\,(\text{dB})$$

$$\left(因為\ \frac{I}{I_0}=\frac{P^2}{P_0{}^2}\right)$$

$$=10\log_{10}\frac{P^2}{P_0{}^2}\,(\text{dB})$$

$$=音壓位準$$

$$\left(\begin{array}{ll}I：強度 & I_0：最小可聽音的強度\\ P：音壓 & P_0：最小可聽音的音壓\end{array}\right)$$

....

● 關於音壓，請參見拙作《圖解建築物理環境入門》。

....

答案 ▶ ○

Q 在屋內天花板設置住宅用火災警報器時,位置距離牆壁和梁要有 0.6m以上、距離換氣口等空氣出風口要有1.5m以上。

A 住宅用火災警報器是偵測加上警報一體化的警報器,有許多內建電池且價格便宜的樣式。牆壁與天花板、梁與天花板的角落部分和出風口部分,由於煙霧和熱較不易到達,因此要設置在距離牆壁和梁 0.6m以上、出風口1.5m以上的位置(答案是○)。

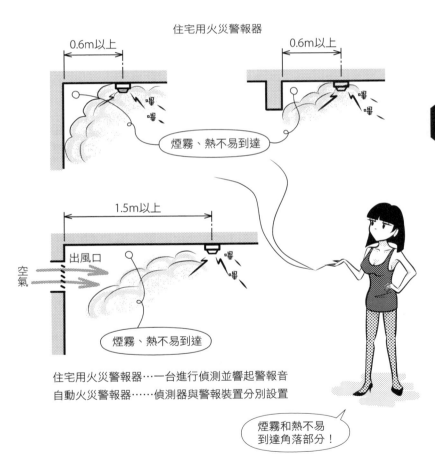

住宅用火災警報器

0.6m以上   0.6m以上

煙霧、熱不易到達

1.5m以上

出風口

空氣

煙霧、熱不易到達

住宅用火災警報器…一台進行偵測並響起警報音
自動火災警報器……偵測器與警報裝置分別設置

煙霧和熱不易到達角落部分!

11
消防設備

• 上述住宅用火災警報器是依據日本消防法和條例相關規定設置。

答案 ▶ ○

Q 水幕設備是為了防止鄰接的建物或從其他防火區劃的部分產生延燒所設置的設備。

....

A <u>水幕</u>（drencher）是用來防止延燒的設備。設置在外牆的窗戶或防火區劃的開口部位，擔任防火門或鐵捲門的角色，為日本建築基準法規定的設備（答案是○）。然而，實務上幾乎不會在外牆開口部位使用水幕。

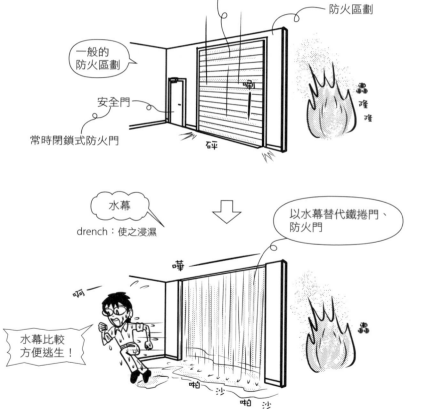

偵測器連動閉鎖式鐵捲門（偵測器連動閉鎖式防火門）

防火區劃

一般的防火區劃

安全門

常時閉鎖式防火門

水幕

drench：使之浸濕

以水幕替代鐵捲門、防火門

水幕比較方便逃生！

• 上述皆為日本建築基準法所指的設備，不是消防法的設備。

....

答案 ▶ ○

Q 防火閘門要設置在貫穿防火區劃的空氣調和設備或換氣用風管中，是在火災時會自動封閉的遮蔽板。

....

A 防火閘門（fire damper，防火風門）是設置在貫穿防火區劃的風管中，火災時會自動封閉，讓火和煙霧不要越過區劃的板。當保險絲（遇熱熔化的金屬）熔化後，閘門會自行封閉（答案是○）。供排水管或導線管貫穿防火區劃的部分，為了不讓管融化後在牆上開洞，表面需要被覆不燃材料。兩者都是日本建築基準法的規定。

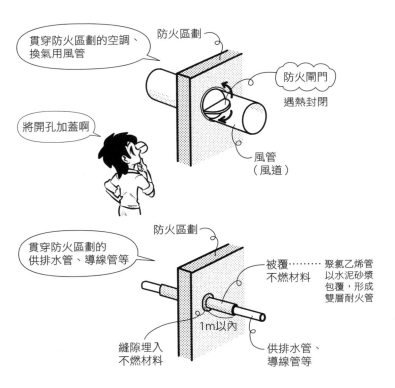

damp：抑制、阻擋（活力、氣勢）　　damper：用來抑制、阻擋的東西

....

Q 緊急照明裝置的備用電源，停電時在不充電的情況下可以持續照明 30分鐘以上。

....

A 緊急照明裝置在停電時從備用電源（主要是電池）取得的電要<u>30 分鐘以上</u>，地面要有照度<u>1lx以上</u>的照明裝置，日本建築基準法有 相關規定（答案是○）。

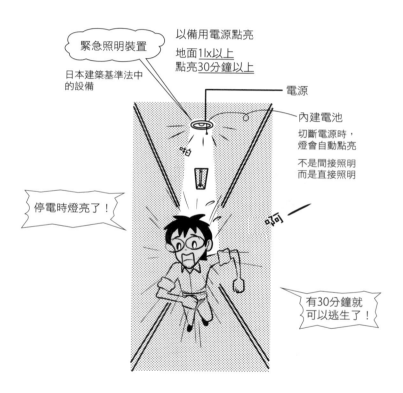

緊急照明裝置

日本建築基準法中 的設備

以備用電源點亮

地面1lx以上 點亮<u>30分鐘以上</u>

電源

內建電池

切斷電源時， 燈會自動點亮

不是間接照明 而是直接照明

停電時燈亮了！

有30分鐘就 可以逃生了！

....

答案 ▶ ○

Q 引導燈分為逃生口引導燈、通路引導燈、座位引導燈三種。

....

A 日本消防法規定的引導燈有三種，包括指示逃生出口的逃生口引導燈（緊急出口引導燈）、走廊或樓梯等的通路引導燈、照亮劇場和電影院等的座位通路的座位引導燈（答案是○）。除了平時就要開啟之外，停電時必須照明20分鐘以上。

逃生口引導燈

通路引導燈

座位引導燈

用來引導逃生路線喔

─ Point ────────────────

　　緊急照明⋯日本建築基準法　停電時點亮30分鐘以上

　　引導燈⋯⋯日本消防法　　　平時＋停電時點亮20分鐘以上

●筆者認為這些30分鐘、20分鐘的規定應該全部統一才對。

....

答案 ▶ ○

Q 引導燈、緊急照明的圖面符號，如下所示。

引導燈	白熾燈 ●	螢光燈 ▭●▭
緊急照明	白熾燈 ⊗	螢光燈 ▭⊗▭

....

A 緊急照明只有在停電時點亮，故為黑色圓形；引導燈是常時點亮，
停電時也要點亮，故為黑白混雜的圓形符號（答案是×）。此外，
小黑色圓形為開關（照明用開關），黑色圓形旁邊有3（$●_3$）表示
是三路開關，黑色圓形旁邊有P（$●_P$）表示為拉線開關，黑色圓形
旁邊有R（$●_R$）表示為遙控開關。

一般照明	白熾燈 ○	螢光燈 ▭○▭
緊急照明	白熾燈 ●	螢光燈 ▭●▭
引導燈	白熾燈 ⊗	螢光燈 ▭⊗▭

黑色是表示
停電時點亮喔！

➩ 黑暗 ➩ **停電時點亮**
　　　　　（緊急照明）

➩ 黑暗＋點亮 ➩ **停電時點亮＋常時點亮**
　　　　　　　　　（引導燈）

● 依場合而異，引導燈也可以是感應點亮或階段式調光的減光。

....

答案 ▶ ×

Q 設計緊急用昇降機的主要目的，是讓建築物的使用者逃生避難。

A 緊急用昇降機（緊急用電梯）是讓消防隊可在火災時使用的設備（答案是×）。平時可作為一般昇降機使用，如圖所示作為服務用昇降機。

雲梯無法到達、樓高超過31m的建築物，有義務設置。

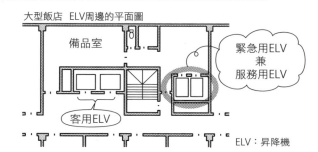

大型飯店　ELV周邊的平面圖

備品室

緊急用ELV 兼 服務用ELV

客用ELV

ELV：昇降機

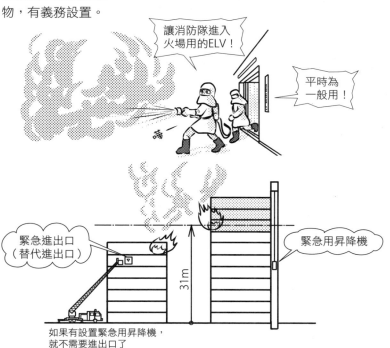

讓消防隊進入火場用的ELV！

平時為一般用！

緊急進出口（替代進出口）

緊急用昇降機

31m

如果有設置緊急用昇降機，就不需要進出口了

11 消防設備

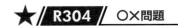

Q 從火災發生到閃燃之前的時間越長，對逃生避難越有利。

....

A 閃燃（flashover）是指爆炸性燃燒的情況，從火災初期到閃燃之間的時間越長，越容易避難（答案是○）。

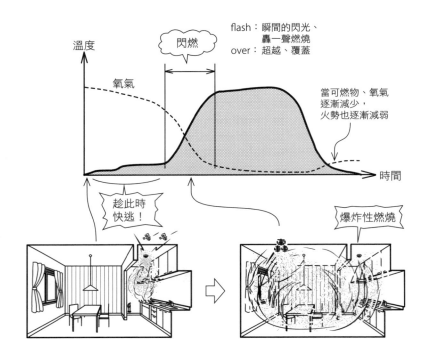

- 爆燃（backdraft）：火災過程中越來越少的氧氣，在窗戶打開時空氣一口氣灌入火場，產生爆炸性的燃燒，消防員在後方（back）引起氣流（draft）之意。因電影《浴火赤子情》（*Backdraft*）英文片名而廣為人知，使用上與閃燃同義。

....

答案 ▶ ○

Q 許多人在走廊往同一方向、同時進行避難的群集步行速度，大約設計在 1.0m/s。

....

A 群集密度為 1.5 人／m²時，群集步行速度約為 1.0m/s（答案是○）。
樓梯的步行速度會比在走廊慢一些。為了避免走廊的人一口氣湧進樓梯，樓梯的出入口比樓梯寬度來得小。

群集步行速度
約為1m/s

順　序　前　進

1.5人／m²時　1.0m/s

1.0m/s＝3600m/h＝時速3.6km

11
消防設備

....

答案 ▶ ○

Q LCC是建築物、建築設備等從建設、製造到使用、解體、廢棄為止所需要的總費用、生命週期費用。

A 建設、使用、解體所花費的費用全部加總起來的總成本，稱為<u>生命週期成本</u>（life cycle cost, LCC）（答案是○）。例如RC造與木造相比，建設費用約為2倍，解體費也大約是2倍。電梯的維護管理費，每月每台大概是5萬～10萬日圓左右，電費也要數萬日圓左右。從建設初期就要意識到LCC的重要性，在經濟面和節能部分都很重要。

答案 ▶ ○

Q LCCO₂是建築物、建築設備等從建設、製造到使用、解體、廢棄為止所產生的二氧化碳總量。

A 生命週期成本（LCC）是所有過程所花費的總成本，生命週期CO₂（LCCO₂）則是所有過程所排放的CO₂總量（kg）（答案是○）。這是為了抑制溫室氣體CO₂的排放量所用的指標。依據材料、廢材的不同，有提供每1m³概算出的CO₂量。

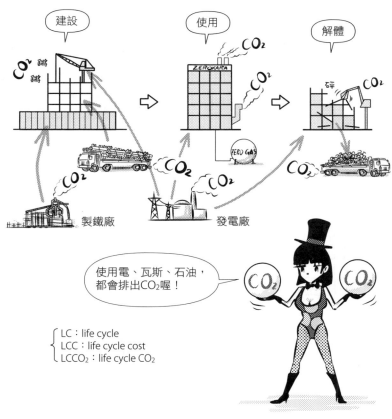

12
節能指標

答案 ▶ ○

Q 建築相關的 CO_2 排出量，在「建設時所花費的」和「使用時能量所花費的」，兩者的排出比例幾乎是一樣的。

．．．

A CO_2 排出量中，住宅和公寓約占 1/3。其中建設解體時約為 1/3，使用時則是 2/3（答案是 ╳）。建物可長期持續使用 30～40 年，因此使用時的排出量較大。

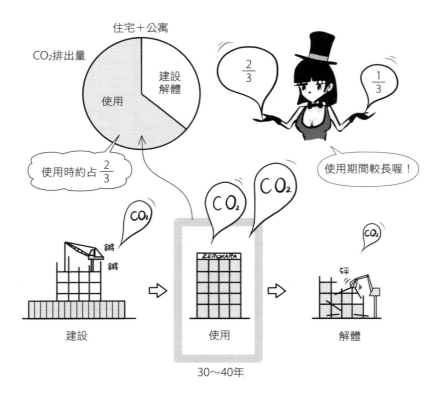

Q **1.** LCA是在資源收集、製造、使用、回收、廢棄的整個過程中，分析能量的消耗量、CO_2和NO_X（氮氧化物）的排出量等，以評估對環境影響的指標。

2. 使用的機械設備，可利用LCA進行評估及選定。

....

A assessment是評估之意。從製造到廢棄的生命週期中，所有對於環境影響的評估，稱為<u>生命週期評估</u>（life cycle assessment, LCA）。這項評量方式是ISO（國際標準化組織）所訂定。從機械設備等單一產品，到建物整體都適用（**1**、**2**是○）。

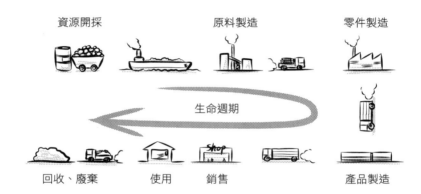

資源開採　　　　　原料製造　　　　　零件製造

生命週期

回收、廢棄　　使用　　銷售　　　　　產品製造

12

節能指標

....

答案 ▶ 1. ○　　**2.** ○

Q CASBEE是基於「建築物生命週期的評估」、「建築物環境品質與環境負荷兩者的評估」和「建築物環境性能效率BEE的評估」等三項理念所開發出來的指標。

A <u>CASBEE</u>（Comprehensive Assessment System for Built Environment Efficiency，建築物綜合環境性能評估）是以下圖的三項評估為基礎，制定出等級S、A、B⁺、B⁻、C，作為建築環境的評估系統（答案是○）。從永續（sustainable：能持續維持的）建築的需求開始，日本2001年在國土交通省的支援下，由產官學界共同合作設立這項指標，此後一直作為開發與維護的評估方式。

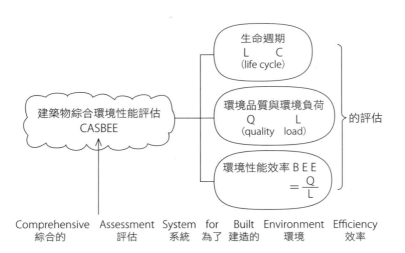

答案 ▶ ○

Q CASBEE之中的BEE，值越小，可判斷建築物的環境性能越高。

A 環境品質Q的性能是由0～100的數值表示，環境負荷L也是由0～100的數值表示，兩者相除就是BEE。若是負荷L小、品質Q大，就表示Q/L越大，性能評估越高（答案是×）。如下圖所示，環境性能的等級包括S到C的五個階段。

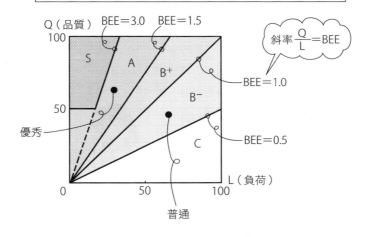

$$BEE（建築物的環境性能效率）= \frac{Q（建築物的環境品質）}{L（建築物的環境負荷）}$$

Q CASBEE 之中，作為建築物設備系統的高效率化評估指標 ERR，是用「評估建物的節能量的合計」除以「作為評估建物基準的一次能源消耗量」所得的值。

....

A <u>ERR</u> 是指設備的一次能源降低率（答案是○）。分子是減少（reduction）量，分母則是以整體的消耗量計算。ERR 越大，表示節能的效果越好。

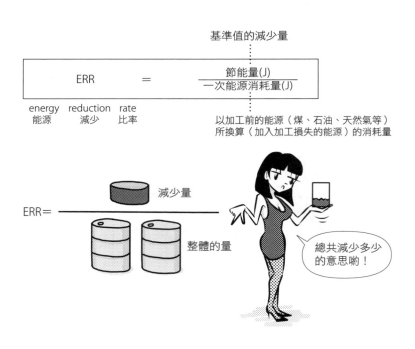

$$ ERR = \frac{節能量(J)}{一次能源消耗量(J)} $$

基準值的減少量

energy　reduction　rate
能源　　減少　　　比率

以加工前的能源（煤、石油、天然氣等）所換算（加入加工損失的能源）的消耗量

ERR＝ 減少量 / 整體的量

總共減少多少的意思喲！

• 將煤、石油、瓦斯等一次能源，以電力等二次能源進行加工時，由於加工的過程中會有損失，因此比一次能源的消耗量大。

....

答案 ▶ ○

這裡整理CASBEE所使用的代表性指標。

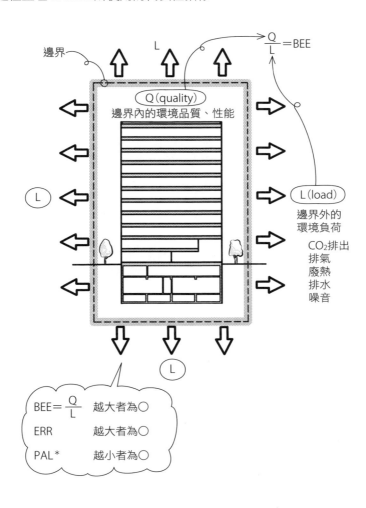

邊界

L

$$\frac{Q}{L} = BEE$$

Q（quality）
邊界內的環境品質、性能

L（load）

邊界外的
環境負荷

CO_2排出
排氣
廢熱
排水
噪音

L

L

$BEE = \dfrac{Q}{L}$　越大者為○

ERR　　　越大者為○

PAL *　　越小者為○

● PAL*請參見R054。

英文縮寫

COP	性能係數COP = $\dfrac{\text{冷暖氣能力(kW)}}{\text{消耗電力(kW)}}$ （每秒的熱移動量）　越大者為○ coefficient of performance 係數　　　　性能
APF	全年能源效率值 $APF = \dfrac{\text{全年消除·供給的熱量(kWh)}}{\text{全年消耗的電力量(kWh)}}$ 越大者為○ annual performance factor 全年的　　性能　　因子
PAL （PAL*）	外周區年間負荷係數 mega joule（兆焦耳） $PAL = \dfrac{\text{外周區的年間熱負荷(MJ/年)}}{\text{外周區的樓地板面積(m}^2)}$ 越小者為○ perimeter annual load 外周的　　年間　負荷
CASBEE	建築物綜合環境性能評估 CASBEE 生命週期 L C (life cycle) 環境品質與環境負荷 Q L (quality load) 環境性能效率BEE = $\dfrac{Q}{L}$ 的評估 Comprehensive Assessment System for Built Environment Efficiency 綜合的　　評估　　系統　為了 建造的　環境　　效率

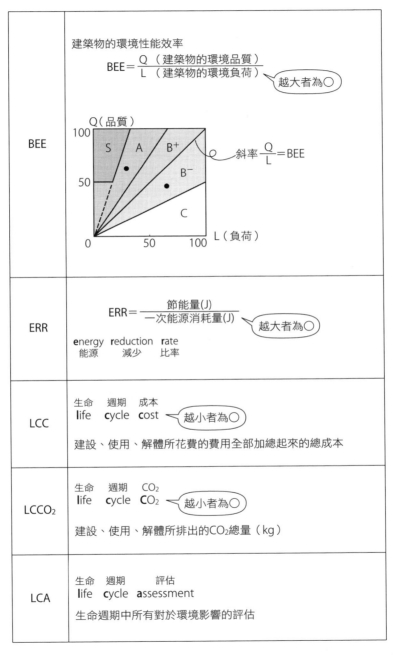

BEE	建築物的環境性能效率 $$BEE = \frac{Q（建築物的環境品質）}{L（建築物的環境負荷）}$$ 越大者為〇
	Q（品質） 斜率 $\frac{Q}{L}$＝BEE
ERR	$$ERR = \frac{節能量(J)}{一次能源消耗量(J)}$$ 越大者為〇 energy reduction rate 能源　減少　比率
LCC	生命　週期　成本 life cycle cost 越小者為〇 建設、使用、解體所花費的費用全部加總起來的總成本
LCCO₂	生命　週期　CO_2 life cycle CO_2 越小者為〇 建設、使用、解體所排出的CO_2總量（kg）
LCA	生命　週期　　評估 life cycle assessment 生命週期中所有對於環境影響的評估

13

默記事項

CAV	<u>c</u>onstant <u>a</u>ir <u>v</u>olume　<u>定風量單風管式</u> 一定的　空氣　量 利用定風量的單一風管輸送冷暖空氣的空調方式
VAV	<u>v</u>ariable <u>a</u>ir <u>v</u>olume　<u>變風量單風管式</u> 可改變的　空氣　量 風量可以改變的單一風管輸送冷暖空氣的空調方式
CWV	<u>c</u>onstant <u>w</u>ater <u>v</u>olume　<u>定流量方式</u> 一定的　　水　　量 定水量的風機盤管空調方式
VWV	<u>v</u>ariable <u>w</u>ater <u>v</u>olume　<u>變流量方式</u> 可改變的　水　　量 水量可以改變的風機盤管空調方式 節能就是V！
PID 控制	<u>p</u>roportional-<u>i</u>ntegral-<u>d</u>erivative　控制 使用比例、積分、微分的控制方式

BOD	biochemical oxygen demand　生化需氧量 生化的　　氧氣　需求量
ppm	parts per million 〜分之一　　100萬 水1ℓ＝1000cm³＝1000g，因此1mg/ℓ＝1ppm
UPS	uninterruptible power system　不斷電系統 不中斷　　電源　系統
CVCF	constant voltage constant frequency　定壓定頻 一定的　　電壓　一定的　　頻率
CD管	combined duct　（非耐燃性）合成樹脂可撓導線管 複合的　導管
PF管	plastic　flexible　conduit　（耐燃性）合成樹脂可撓導線管 合成樹脂的　可撓的　導管　　　　　　　　　　　露出使用

A種接地	高壓或特別高壓用設備的外箱或鋼構的接地
B種接地	高壓或特別高壓與低壓結合的 變壓器的中性點接地
C種接地	超過300V的低壓用設備的外箱或鋼構的接地
D種接地	300V以下的低壓用設備的外箱或鋼構的接地
A類火災 B類火災 C類火災	普通火災 油類火災 電氣火災

▼空調

風管的風的動壓P_d 與風速v的公式 壓力損失ΔP_t （摩擦損失、阻力） 與風速v的公式	$P_d = \square \times v^2$ P_d　$P_d = \square \times v^2$ 風量$Q = \bigcirc \times v$ $0 \quad\quad v(Q)$ $\Delta P_t = C \times P_d$ $\quad = \overset{\frown}{\bigcirc} \times v^2$ （C：損失係數） 壓力　　＝$\square \times v$的自乘（平方） 壓力損失＝$\overset{\frown}{\bigcirc} \times v$的自乘（平方）
送風機的 旋轉數N與 風量Q 全壓P_t 軸動力W 的關係	正比 ⋮ $Q \propto N$ $P_t \propto N^2$ $W \propto N^3$ （$W = \square \times Q \times P$）
長寬比	空氣的流動順暢度（相同斷面積） $\dfrac{長邊的長度}{短邊的長度}$　$\bigcirc > \square > \square > \rule[0.4ex]{1.5em}{0.1ex}$ 長寬比＝　　1　　　2　　　4 長寬比一般希望在4以下較佳
比焓 enthalpy	$U \quad\quad P\Delta V$ 熱能＋膨脹・收縮的能量 表示物質所含的能量（含熱量）

13 默記事項

熵 entropy	表示混亂度的指標
冷凍循環	蒸發（汽化）→壓縮→凝結（液化）→膨脹 （莫里爾圖） p－h線圖 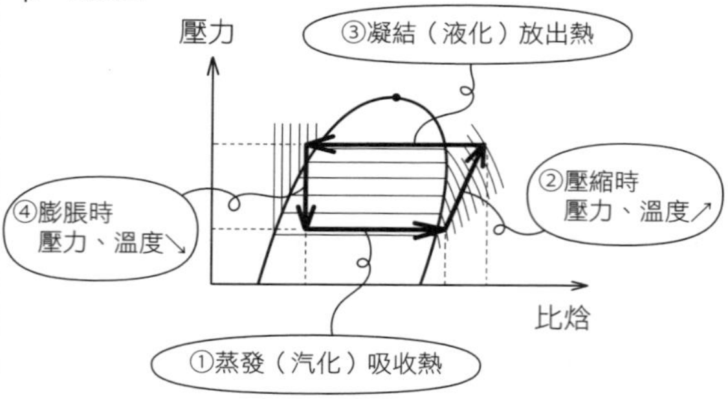
高度H(m)的水柱壓力P	$P=\rho gH$ （ρ：密度，g：重力加速度）
1kPa ≒（ ）m（水柱）	0.1m（水柱） 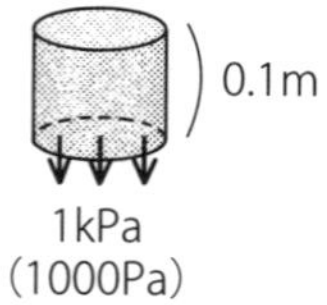
淋浴 馬桶沖水閥的水壓	70kPa≒7m（水柱）以上 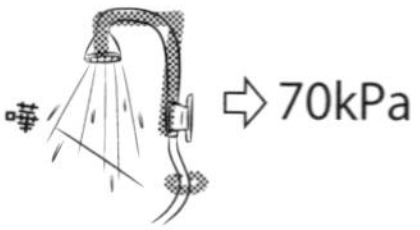

廚房、洗手台的水龍頭水壓	30kPa≒3m（水柱）以上　　　　　　⇨30kPa
1m³＝（　）ℓ 1ℓ ＝（　）cm³	1m³＝1000ℓ 1ℓ ＝1000cm³　　（cc）1000倍　1000倍 　　　　　　　　（cc）　1cm³⇨1ℓ⇨1m³
住宅的每日平均用水量	200～400ℓ/day·人 家⇨⇨4/0/0⇨400ℓ/day·人
飯店的每日平均用水量	住宅≦飯店 住宅　　　　飯店 400～500ℓ/day·人 ——⌣—— 　　　　　　400ℓ/day·人 飯店依據不同類型也有到1000ℓ/day·人
辦公室的每日平均用水量	60～100ℓ/day·人 ⇨1⇨100ℓ/day·人
國小、國中、高中的每日平均用水量	70～100ℓ/day·人 （不使用游泳池的情況下）

醫院的每日 平均用水量	1500〜3500ℓ/day・床 ⇨ 3500ℓ/day・床
通氣管末端與 窗戶的距離	水平距離3m以上 且 垂直距離60cm以上 ⇨ 3m ⇨ 60cm
通氣管末端與 空中花園的距離	高度2m以上 （人的高度以上）
存水彎的水封深度	5〜10cm ⇨ 5 ⇨ 5cm （〜2倍的10cm）
洗臉台溢流緣到 通氣橫管的高度	15cm以上 ⇨ 15 ⇨ 15cm

截留器 　業務用廚房用 　加油站用	油脂截留器 油料截留器 油脂截留器
省水型虹吸式 馬桶的用水量	9ℓ/回以下　⇨ ⇨ 九 ⇨ 9ℓ
瓦斯熱水器的 號數	擁有1分鐘內讓1ℓ的水溫度 上升25℃的能力為1號
防止嗜肺性 退伍軍人菌 繁殖的溫度	55℃以上
▼電氣 電流I、電阻R、 電壓V的關係 $\left\{\begin{array}{l}熱通量Q\\熱阻R\\溫度差\Delta t\\牆壁面積A\end{array}\right.$ 　的關係	$I = \dfrac{V}{R}$ $Q = \dfrac{\Delta t}{R} \times A$ 阻力 高差 流量＝$\dfrac{高差}{阻力}$
電力P、電壓V、 電流I的關係	$V \times I = P$ 伏特　安培　瓦特 (V)　(A)　(W)

交流的均方根值 V、I與最大值 v_0、i_0的關係	$V=\dfrac{v_0}{\sqrt{2}}$ $I=\dfrac{i_0}{\sqrt{2}}$ 交流的電流i　均方根值$I=\dfrac{i_0}{\sqrt{2}}≒0.7i_0$
實功率與 供給電力的關係	實功率＝供給電力×功率因數 ＝$VI×\cos\phi$ 實功率$VI\cos\phi$　功率因數 有效使用電力的比率 供給電力VI （視在功率）
電壓區分	<table><tr><td></td><td>直流</td><td>交流</td></tr><tr><td>低壓</td><td>750V以下</td><td>600V以下</td></tr><tr><td>高壓</td><td>超過750V、7000V以下</td><td>超過600V、7000V以下</td></tr></table>
受變電設備所需 的契約電力	50kW以上 （5萬W）

負荷密度	$\dfrac{\text{電力負荷}}{\text{地板面積}}$ (VA/m²) ┈┈┈ 供給電力（視在功率）
辦公室的 負荷密度	30～50VA/m²
負荷率	$\dfrac{\text{平均需求電力}}{\text{最大需求電力}}$ (%)　　山（最大） 　　　　　　　　　　　　　　　　平均
需用率	$\dfrac{\text{最大需求電力}}{\text{負荷設備容量}}$ (%)　最大80%　　合計
室指數 R	$\dfrac{x \times y}{H \cdot (x+y)}$

消防設備	以光束法計算 整體照明的照度	燈具發出的總光束量　　　　　　　　由室指數、反射率求得燈具的 　　　　　　　　　　　　　　　　　光束有多少到達桌上的比率 $$\dfrac{\text{燈具的數量} \times \text{燈具的光束} \times \text{維護率} \times \text{照明率}}{\text{室面積}}$$
	聲音強度 音壓位準	$$聲音強度位準 = 10\log_{10}\dfrac{I}{I_0}\ (dB)$$ $$\parallel$$ $$音壓位準 = 10\log_{10}\dfrac{P}{P_0{}^2}\ (dB)$$ 最小可聽音的強度I_0、音壓P_0
	緊急警報設備的 警報音音壓位準	90dB以上
	住宅用 火災警報器 的位置	距離牆壁和梁0.6m以上 距離出風口1.5m以上
	停電時點亮時間 　緊急照明 　引導燈	點亮30分鐘以上…………………………日本建築基準法 點亮20分鐘以上（＋常時點亮）……日本消防法
	群集步行速度	(1.5人/m²時) 1.0m/s

▼單位

力的單位	牛頓　　　　　公尺每秒每秒　　　　千克力　　　　頓力 N（$=kg \cdot m/s^2$）　　　kgf　　　tf 　　　　　　　　　　　　　　　（$\fallingdotseq 9.8N$）（$\fallingdotseq 9.8kN$） 力＝質量×加速度
功的單位 $\left(\begin{array}{c}能量\\電力量\end{array}\right)$	焦耳　　　　　　　　　　　卡路里 J（$=N \cdot m$）　　　　　cal（$\fallingdotseq 4.2J$） 功＝力×距離
功率的單位 $\left(\begin{array}{c}能量效率\\電力\end{array}\right)$	瓦特 W（$=J/s$） 功率＝功/時間　　　　（Wh（$=3600J$）為功的單位）
實功率的單位　　　　W 視在功率的單位　　　VA （供給電力）	 實功率（W） ϕ 虛功率（Var） 視在功率（VA）
壓力的單位	Pa（$=N/m^2$） 壓力＝力/面積
10^3倍　　10^{-3}倍 10^6倍　　10^{-6}倍 10^9倍　　10^{-9}倍 10^{12}倍　10^{-12}倍	k（kilo）：千　　　　m（milli）：千分之一 / 毫 M（mega）：百萬　　μ（micro）：百萬分之一 / 微 G（giga）：十億　　　n（nano）：十億分之一 / 奈 T（tera）：一兆　　　p（pico）：一兆分之一 / 皮

13

默記事項

藝術叢書 FI1048X

圖解建築設備練習入門

一次精通空調、供水排水、供電配線、消防安全、節能的基本知識、原理和計算

作　　　者　原口秀昭
譯　　　者　陳曄亭
副 總 編 輯　劉麗真
主　　　編　陳逸瑛、顧立平
美 術 設 計　陳文德

發 行 人　涂玉雲
出　　版　臉譜出版
　　　　　城邦文化事業股份有限公司
　　　　　台北市中山區民生東路二段141號5樓
　　　　　電話：886-2-25007696　傳真：886-2-25001952
發　　行　英屬蓋曼群島商家庭傳媒股份有限公司城邦分公司
　　　　　台北市中山區民生東路二段141號11樓
　　　　　客服服務專線：886-2-25007718；25007719
　　　　　24小時傳真專線：886-2-25001990；25001991
　　　　　服務時間：週一至週五上午09:30-12:00；下午13:30-17:00
　　　　　劃撥帳號：19863813　戶名：書虫股份有限公司
　　　　　讀者服務信箱：service@readingclub.com.tw
香港發行所　城邦（香港）出版集團有限公司
　　　　　香港灣仔駱克道193號東超商業中心1樓
　　　　　電話：852-25086231　傳真：852-25789337
馬新發行所　城邦（馬新）出版集團Cité (M) Sdn Bhd
　　　　　41-3, Jalan Radin Anum, Bandar Baru Sri Petaling, 57000 Kuala Lumpur, Malaysia
　　　　　電話：603-90563833　傳真：603-90576622
　　　　　E-mail: services@cite.my

二 版 一 刷　2023年08月

城邦讀書花園
www.cite.com.tw

定價：420元

（本書如有缺頁、破損、倒裝，請寄回更換）

國家圖書館出版品預行編目資料

圖解建築設備練習入門：一次精通空調、供水排水、供電配
線、消防安全、節能的基本知識、原理和計算／原口秀昭
著；陳嘩亭譯. -- 二版. -- 臺北市：臉譜，城邦文化出版：家
庭傳媒城邦分公司發行, 2023.08
　　面；　公分. --（藝術叢書；FI1048X）
譯自：ゼロからはじめる 建築の「設備」演習
ISBN 978-626-315-329-5（平裝）

1. 建築物設備

441.6　　　　　　　　　　　　　　　　　　112009058